心物与人生

与

心物

人生

唐君毅

著

九州出版社　JIUZHOUPRESS | 全国百佳图书出版单位

图书在版编目（CIP）数据

心物与人生 / 唐君毅著. --北京：九州出版社，
2020.11

ISBN 978-7-5108-8825-0

Ⅰ.①心… Ⅱ.①唐… Ⅲ.①人生哲学 Ⅳ.
①B821

中国版本图书馆CIP数据核字（2020）第238172号

心物与人生

作　　者	唐君毅　著	
责任编辑	王　佶	
出版发行	九州出版社	
地　　址	北京市西城区阜外大街甲35号（100037）	
发行电话	（010）68992190/3/5/6	
网　　址	www.jiuzhoupress.com	
印　　刷	三河市兴博印务有限公司	
开　　本	880毫米×1230毫米　32开	
印　　张	8.875	
字　　数	172千字	
版　　次	2021年11月第1版	
印　　次	2021年11月第1次印刷	
书　　号	ISBN 978-7-5108-8825-0	
定　　价	46.00元	

目　录　CONTENTS

自 序 >>

本书分二部，第一部"物质、生命、心与真理"，第二部"人生与人文"。为简单计，乃合名《心物与人生》。以论理次序第一部应在前，但第二部较易引起兴趣，读者亦可先读第二部再读第一部。此书目的，在为一般读者指出一宇宙观、人生观、人文观的道路。其中只有第一部第七章的三节，比较深奥些，故列为附录。关于此书写作之因缘，今略述于后。

此书之第一部，是我在民国三十年前拟名《人生之路》一书之第三部分。其他两部分，一名《人生之体验》，已由中华书局出版。一名《道德之自我建立》，由商务印书馆出版。此部，中华书局本待印行，但是，我当时觉真要讲哲学，直接由知识论到形上学到宇宙论，或由道德文化反溯其形上学根据，再讲宇宙论，比较更能直透本原。从自然界之物质、生命，讲到心灵、知识、人生文化，固亦是一路，然却是最弯曲的路，故将此部停止出版。不过据我多年的经验，一般青年学生，一般社会上的人，所易感到之哲学问题，仍是如何从自然宇宙去看人之生命心灵之地位价值，以定其人生文化理想的问题。人如此去想，易有常识、一般科学知识与流行的哲学意见作凭借。然亦可随意引出意见，而止于一些肤浅混乱之谈。此部则是一方求不违常识之所共许，与已有之科学知识，一方用一比较谨慎的态度，反复的辩论方式，去次第廓清一般人对此等问题之随意论断与肤浅混乱之谈者。其用意则在指示一"提高人心在宇宙中之地位"之哲学思想方向。此书对"物质生命心灵三者所表现之各种形式或范畴，物、生物与人之个体性，宇宙最后真宰最后实在为何"等问题，皆未论及。只以一根思想线索，贯注于反复之论辩之中，使人对自然宇宙之认识，由物至生物至心，一步一步深入而渐达高明。读者只要耐心依序去看，并将前后文之思想，自己加以综合贯通，即可逐渐扩展为通达其他真理之自然宇宙观，确见生命世界之高于物质之世界，心灵世界之高于生命世界，而为自然宇宙之中心。当我写此部时，唯出于求真理之心，而归于如是之结论。初不料今之唯物论之思想，竟凭政治力量，而成中国大陆唯一之哲学。本来真理自在天壤间，千万人信之不为多，一人信之不为少——即无一人信之，真理之为真理也自若。然学人精神之可贵，又在其不忍真理之被埋没幽囚于黑暗之中。彼虽不敢言已得全部真理，然必望与天下人，各本其理性与良知，共砥砺切磋于探求真理之途中，望被埋没幽囚之真理，渐昭露显发于光天化日之下。我之此书纵一无所是，然在其若至愚至笨之对话中，所表示之虚心求真理之态度，处处替对方之疑难设想之态度，则可与天下人共见，而启发当今一讨论学术之正当态度。只此一点，自信可于世有益，故将此旧作，加以修改发表。著作虽旧，而其精神则今日方见其新也。

至于本书之第二部，则多为曾在《人生》一刊发表而再加改正者。此部与第一部同为一般读者说法，而非对专治哲学者立言。且同重在指示一哲学思想之方向，而未尝和盘托出全部之结论。读者无论读此书之任何一部，如果能由此会通于其他真理、其他思想，则是读者的成功，亦是著者的安慰。如果只停于此书之所说，则是读者之失败，亦是著者的失望。此书是一桥梁，一道路，而尚非一安息的处所。其中所当通到的，比其所已表达出的多。第一部如此，第二部更是如此。其不同处，在前者是以自然为中心，从物质生命论到人心与心之求真理；后者是以人自己为中心，而从人心论到人生与人文。前者是枯燥的论辩，而后者则多少含有情味。前者是对话体，后者是论述体与抒情兼说理的韵文体。又第二部之论文四篇，乃合以说明人类文化，皆原于人心灵精神之求实现真美善等价值。此中《生命世界心灵世界之存在性与客观性》一文，可说是直接本书第一部来的。读者只要真相信了第一部所说，则必将承认生命世界心灵世界之客观存在，并可亲切的体会到自己之人生，即生于客观存在之生命世界心灵世界中。《人心与真美善》一文，与第一部"论人心在自然界中之地位"一章及"心之求真理"一章，有相通处。此文重在指出人之自觉心，不止根于自然世界，而且为昭露显发真理之世界（此乃上部心之求真理一章之更浅近的说明）、美之世界，并能赞天地之化育，以建立人类之善的理想者。至于《精神与文化》，与《人文世界之概念》一篇，则本于人之求真美善等之心，以说明人类社会文化之起原，及各种文化领域之分划。此四篇文字，最浅近易看。一般读者如不习于上部之曲曲折折之对辩，可以先看此四篇。

至于《人生之智慧》一篇，则是借古人之思想，以发抒我心中之所怀。此文一方要人与现实有一隔离，而发一思古之幽情；一方即是要人真实的提升其对人生人文之了悟，而逐渐形成一高远阔大的人生人文之理境，并对人生人文增益其爱护崇仰之情。由此读者当可自动去形成其对人类未来之文化之理想，这是我本书未论的。在此文中，只有一些兴发慧解的字句，供人体味，莫有以前的那种斤斤较量的对辩，或似乎冷静客观的讨论。在此文的立场中看，那些对辩讨论，都是对门外人说门外话。而此文则可谓是说门中庭里的事，但尚未说到最后。人如果要问，毕竟最后的话如何？则我的答复是再从庭中，往上看，往里走，看更大的天地。走到山穷水尽疑无路，将见柳暗花明又一村。这是指的读者自己内心应有的开悟。

唐君毅自序 一九五三年于香港

此上是本书香港亚洲出版社之初版序。此书在香港曾发行至三版，在一九五七年后，即无新版发行，仍时有人要买此书。故今改由台湾学生书局另作新版发行，并增加附录一篇。是为本书之增订本。至于此书论心物与人生之不足者之处，则可由我后来之著述，及他人著述，加以补正。

唐君毅补志　一九七四年十月于香港

第一部

物质、生命、心与真理

第一章
物质与生命（上）

第一节　辨物质为根本之诸意义

常识：慎思先生，我们相交多年，但不曾向你请教过哲学。我知道你长于哲学，我今天开始向你请教。好吗？

慎思：不敢当，我知道你自己有一套哲学。并且你可由任何常识、科学知识，以引申一套哲学，而取一切哲学家之意见，为你之哲学。

常识：不错，我正是因我有一套哲学——只是一不成套的一套，所以我要请教。老实说，我很怀疑，你平时对人讲的一套哲学，说来太可爱好听了。你处处夸张人之生命、心灵、精神、文化、道德在宇宙中之地位，那自然使人听了很高兴舒服。但是我想"信言不美，美言不信"。太能满足人的愿望，而太恭维人的哲学，未必是真理，所以我今天要来问难你一下。

慎思：你说我的哲学未必是真理，我可以承认。是否能满足人的愿望，我亦不敢说。我尊重人之生命、心灵、精神在宇宙中之地位，同时是加重人的责任，未必即能使人听了很舒服。假如他能满足人之一些愿望，那只是我之哲学之附带的效果。我最初只是为求真理，而自然得如此之结论。亦许下意识中，是在满足人之愿望，才逼着我之思想，为这结论寻找理由建立理由。但这是无凭证的事。而且我想纵然如此，亦没有什么关系。因为在权衡我的哲学是否真理时，评定的标准在真理的自身。我的下意识，是无权过问的。所以我们可以尽量以真理为我们的目标，来进行我们的讨论。我希望先听你对于我平日对人讲的那一套哲学之批评。

常识：说到批评，我又不敢当了。我只是有一些怀疑。我想，真正的哲学批评，应当站在一真成套的哲学，批评另一套哲学。而我那一套哲学，我自己不是已承认是不成套的一套吗？不过，我想哲学亦不必要成套。成套的哲学是被套住的哲学，所以，不成套的哲学，亦许才是真的哲学。

慎思：很好，而且我常常恐怕我自己的哲学，把我自己生命都套住了，我很愿意同你这不成套的哲学家论辩。因为你可以把我引到我自己的哲学之套子外边来，我还可多呼吸一些更自由的空气。你尽可发你一些不成套的疑问。而且对他人的疑问，应该是不成套的。发成套的疑问的人，一定是他自己已有答案的人。他人的答覆，对他反而没有什么用处。

常识：不过你虽然允许我发不成套的疑问，你愿意跳出你的哲学之套子来同我讨论哲学，我还要与你订一约。我常常觉得同哲学家说话是一件麻烦的事。哲学家思想系统，犹如一八阵图。

只要你一被引进，转几弯，他的推论便把人逼得走头无路。一阵飞砂走石的名词概念，便弄得人昏天黑地。所以我希望你不要跳出套子来，只为把我拖进套子去。我要同你说明，我是可以随时转换我的论点的，我先要取得乱发问的自由。我错误了，我自己承认。但是我有换一方向来攻击你的自由。你要知道我的武器只是常识，你拿对付真正哲学家的办法，来对我摆阵势，那你便是欺负弱者了。假如你要这样办，我只有在你阵前望望算了。如果被你逼入阵中，被你作法困住而死，我死亦不心服的。

慎思：只要对于你错误的地方你承认，你可以转换方向来攻击我的。我对你决不摆阵势。我并不用许多名词概念来束缚你，不过推论是免不掉的。我的推论不是阵中的迷道，只是田间的阡陌，可以让你来去自由。但是方向的辨别，却须靠你自己。如果你辨不清方向，在田间的阡陌上迷了路，那我至多把你拖转过来走。至于你走纵横之路过多而自己头昏，我可不负责任。你应自求清醒。

常识：我们的约已订好，我现在便要开始发问。我现在要从你认为最可笑最浅的问题问起。因为我的知识只是常识，常识是从最浅最平常的地方开始的。

慎思：我想哲学家和一般人接近的时候，正应该答覆一切最可笑的问题，不然哲学家便成为最可怕的了。你尽可以发你最可笑的问题、最浅的问题。我看你的问题浅而可笑到什么程度。

常识：我根本怀疑生命、心或精神在宇宙间，究竟有什么特殊的地位。我认为一切都是物质。

慎思：那你的思想就是唯物论。有人说唯物论的思想比一切哲学都要老些，原始人的思想，都近乎唯物论。唯物论可说是哲学的祖宗。祖宗并不可笑。

常识：不过唯物论是一不死的祖宗，所以他永不会老。他在二十世纪还是筋强力壮的少年，现在一般人仍自觉地或不自觉地相信他，而且我们不愿意祖宗死。

慎思：这祖宗其实已死了。他是死在他子孙的怀里，所以他死时并不感苦痛。他死，他子孙存在。他在他的子孙中，看见比他自己伟大的生命，所以他虽死无恨。你亦不必代他悲哀。假如你及许多人觉得他尚未死，那只是你的幻梦。

常识：我们最好不要再用比喻。我请问你唯物论有什么不对。

慎思：我先请问你，所谓物是什么意义？"你要同我说话，请先确定你所用的名词之意义。"

常识：我已经知道你反问我的意思，你要我确定物是什么，就是要我确定什么是物。我说了什么东西是"物"，当然就是有不是"物"的东西。因为既有是"什么"的，就有不是"什么"的。那我说一切都是物的学说，便不能成立了。我知道你的计策，我不上你的当。你要问我，物是什么，我不须用确定的定义给你。物是什么，是我们在常识上已共许的。我可指物给你看，这眼前的山水天地日月草木，连你的身体都是物质。要问我什么是物，我的答覆是什么都是物，物就是一切。

　　慎思：不过我想你对我反问的问题，仍然躲不开。因为你是说一切都是物，物是一切。"一切"与"物"的意义全相同，那你说一切是物，等于说一切是一切。你的话只是一重复，没有什么意义。你以"物"代表任何东西，那你的物的意义便与"存在"或"有"之意义相同。说一切是"物"，等于说一切是"存在"，一切是"有"。但你没有说明"存在"是什么，"有"是什么。你应该主张唯存在论或唯有论，不应该主张唯物论。你主张唯物论，你所谓物一定特有所指。

　　常识：你一定要我说物是什么，要把物的意义与存在分别，那么我便可同你说："物质"就是客观存在的实体，不随我们主观的意志而转移的东西（此亦即辩证法唯物论所谓物之一定义）。如眼前的天地日月山水，不能只因为不喜欢他这个样子，他就不这个样子。你虽然可以用行为改变他，但不能自由改变他。你必须依着他本身的规律而改变他。

　　慎思：我觉得你的话仍然有语病。你所谓客观存在的实体，亦可以概括我们通常所谓心。他人的心，亦可谓对你之客观存在的实体。他人的心亦不能随你个人主观的自由意志而变。假如你所谓客观存在，是对整个人类而言的客观存在，那么生物的生命，对整个人类亦是客观存在，不是人类的自由意志可随意改变的。你仍须依着他本身的规律才能改变他们。

　　常识：他人的心，生物的生命，我们不能自由改变他，正因为他人本身是一客观的物质存在。生物的本身是一客观物质之存在。他人的心、生物的生命之客观存在，依于一最根本的客观存在之实体，这就是物质。

慎思：那么你已承认物质之客观存在外，尚有他人的心之客观存在、生物的生命之客观存在了。你所谓唯物论并非只有物一种客观存在，不过说物之客观存在是最根本，为一切客观存在之所依而已。

常识：虽然我们亦可说他人之心、生物之生命都是客观存在，但因他们依于根本之物质而存在，所以我们只说物质是真实的存在。我们只说物质存在就够了。

慎思：我想假如你只说心与生命依物质而存在，在你的话里面，已含有心与生命不是物质的意义。你所谓物与生命、心之意义决非同一的。假如是同一的，你便不必用"依"字。一个东西依其他的东西，便表示这两个东西是不同的。一是能依，一是所依。你一定要承认能依所依二者，然后才能说"能依"依"所依"而存在。你必须承认生命、心与物质三者，然后才能说生命、心依物质而存在。所以你只承认物质存在，你的话是不够的。

常识：我们说话的时候，自然免不掉要承认能依所依二者。我们须先承认生命、心与物，然后才能说生命、心依物而存在。但是生命、心，依于"物质"而存在，那生命、心便附属于物。物是主，生命、心是客。物是根本，生命、心是枝叶。我们可以举物以概括生命、心。

慎思：那么我便要问你据何理由，而知道物是根本是主，生命、心是枝叶是客。

常识：我们说物质是主是根本的理由很多。最显而易见的，我们知道物质充满大宇宙中，无数的星球，大多数都没有生物存在的证明。拿太阳系来说，我们只知道地球有生物。而我们把地球上一切生物身体之体积，全部计算起来，比地球本身所含的物质不知少多少倍。生命只在生物身体中才存在，至于心只存在少数高级生物之身体中。从量上来看、空间上来看，生命与心力量所及之范围是太小了，所以我们说物质是主，是根本。

慎思：你这一理由，我觉得很不妥当。因根本枝叶之别，不能从空间上之量之多少上分别。我想人都承认脑髓是人身体中较根本的部分，但是脑髓在人身体中所占体积很少。而且即就你所谓根本与枝叶二字原来所指之植物来说，植物枝叶扶疏，正远较树根之体积为多。从你的比喻，我们亦可用来证明物质之多，乃是因为物质是枝叶。

常识：我的话还未说完，我们的第二理由，是从出现时间的先后上说。我们都知道在若干万年前，地球初凝结时，地球中没有生物。再上溯到星云时代，太空中只有气体的旋转，更不含有生物。有生物而后有生命，生物进化而后有人类，有人类才有我们平常所谓心。所以生命与心是后来出现的，物质是早有的。早有的应当是根本，后来的应当是枝叶。

慎思：纵然物质先有，生命、心后有，先有与后有仍不能作根本非根本分辨之标准。我们仍可以人身之脑髓再作比喻。人的脑髓之发育最后才完成。二岁的小孩，头顶尚未合拢。然而脑髓正是人身之较根本之部分。又如我们个人思想之发展，我们的根本主张恒最后才完成。我们零碎的思想总在前，根本而一贯的思想总在后。又如我们作文，我们根本主旨亦不一定先拿出来，而常在文之后部才拿出来。再如一好戏之演出，根本在好的主角，而此主角亦不一定先出台。宇宙亦许就是一剧台，宇宙主角之生命、心，纵然真正后出台，亦可是因为要让物质之副角，把主角出现以前之情节先表演了，让主角再出来好好的演剧。所以我想只是从先有与后有，定根本非根本，仍然有缺点。何况物质亦未必真是先有，不过我们现在可姑只顺着你的思路说。

常识：我的比喻亦许有缺点，但是我的意思是说物质先有，生命、心后有，生命与心必待物质之有而后有，所以生命与心之出现，依物质之出现而后出现。生命与心不能单独出现，物质才能单独出现，所以物质是根本。

慎思：我想一个东西待一个东西之出现而后出现，亦不能证明他就非根本而后者为根本。譬如种子要发芽，必须先有日光水分；但是我们不能说日光水分是芽之根本。因为日光水分只是芽发出之条件。假如物质真是较生命、心先出现，我们亦可只视物质为生命、心出现之条件，如日光水分之于芽。

常识：我很欢迎你这个比喻，你以芽比喻生命、心很好，只是你以水分日光比喻物质，我不能同意。因水分日光是芽以外的东西。我以为所谓生命、心是属物质以内的。我们应当以种子比喻物质，芽比生命、心。芽自种子发出，种子是芽之根本。生命、心自物质来，所以物质是生命、心之根本。

慎思：我的话只是对你以先后出现，判断根本非根本之话说，所以举出另一比喻来破斥你之说。你要另举一比喻来证明生命、心出于物质，我亦可以就你这新比喻来讨论。我觉得，你这新比喻包含一更大的危险。因为芽自种子生出，是因为种子中已有芽的成分。如你所谓物质相当于种子，则其中当有生命与心之成分，那你便不能称之为纯物质。

常识：我反对你所谓成分的话。种子中只可谓有生芽的可能。所以种子并不是芽，种子还是种子。宇宙原始的物质中，只可谓有产出生命、心的可能，所以物质还是物质。

慎思：我准许你用可能代替成分二字，因为在我看来一个东西包含某一种可能，就可谓包含某一种成分，这是我们各人所用术语之不同。

常识：我认为成分与可能不同。成分是那东西上实际上具备的，可能不是那东西具备的。原始物质实际具备的成分只有物质，生命、心只是可能产出的东西，所以不隶属于原始物质之本身。生命、心只是原始物质中所含之"可能"。

慎思：我想你不能把一个东西所含的可能，同那东西本身分开。一个东西之性质，就是那东西所含的可能之全部。一个东西，离开他含的各种可能，亦就没有那东西。如我们说氧气，此氧气，决离不开由氧气所可能发生之各种作用。离开了氧气所可能发出之各种作用，我们无法了解氧气之性质，也将无法分别氧气与其他原质之不同。所以我们说某一种种子，我们决不能把种子与他所可能发之芽、长之干、开之花离开看。如果离开，我们将不能真正了解那种子之性质是哪一种种子。所以一个东西所含的可能，就是构成那东西所以成那东西之成分。因此，假若你所谓原始物质，是真有产出生命、心之可能的话，我们当名之为包含生命、心意义之物质，不能单名之物质。犹如长菊花的种子，我们不能单名之种子，当名之菊花种子。你说菊花种子不是菊花是不错的，但是你说不是菊花种子就错了。你说芽不是种子是不错的，你说某一种子不是发某一种芽的种子就错了。所以你说先有原始物质纵然不错，但是你说他只是物质，而不说他是包含生命、心之意义的物质，便错了。

常识：我不反对宇宙之原始物质是包含生命、心之意义之物质，我亦可以接受你替我改变的名词。我愿意说那原始物质是包含生命、心之意义之物质，犹如我愿说某一种种子是包含开某种芽或花之意义之种子。但是你要注意，在种子未长出芽与花时，种子只是种子。原始物质未产出生命、心之时，原始物质只是物质。我说种子是芽之根本，物质是生命、心之根本的话，你并未能打破。

慎思：你以种子为芽之根本，喻物为生命、心之根本。但是你不曾说明，依何意义而说种子是芽之根本。我们为什么不可说发某一种芽、开某一种花，就是某一种子所以为某一种子之根本。你不能根据先有种子后有芽之说，来证明种子为芽之根本。因为只就先后本身来定根本非根本之不当，我们已批评过了。

常识：种子是芽之根本，因为我们亲见芽自种子发出。物质是生命、心之根本，因为科学告诉我们生物人类自只有原始物质之地球中慢慢进化而来。

慎思：只亲见一东西自何处发出，不足证明那东西即自那处发出，那东西之根本即在那处。犹如我们亲见电影自银幕上反映过来，似乎自银幕上发出；然而在实际上电影之光是自电影机发出，他只托银幕而显现。姑无论科学家不曾亲见生命、心自原始物质中发出。即是亲见亦不能证明物质是生命、心之根本。因为生命、心亦许只是托物质而显现。

常识：但是我们看电影后，我们知道反转来看电影机，知道电影机是电影光所自出。然而我们却不能找出另一地方为生命、心之所自发。

慎思：但是假如我们是一很愚笨的乡下人，突然坐在银幕前，从来不曾转过头来看电影机，亦无关于电影之任何知识，我们不是会以为电影真自银幕发出吗？我们之找不着生命、心所自发之另外的源泉，亦许就因为我们不曾转过头来。

常识：不过你的话只能是"亦许"，你不曾确指这另外的源泉与我们看。你须先成立一超物质界，然后我才能相信你。

慎思：我在此地尚用不着确指，我只说明你的亲见不足为凭。因为那愚笨的乡下人，亦可以他的亲见，来主张电影自银幕上发出的，银幕是电光之根本。因此，你不能由你亲见芽自种子发出为理由，便说种子是芽之根本。你亦不能假想宛如亲见生命、心自原始物质中发出，便说物质是根本。你的话应当修改，只说亲见是不够的。

常识：那么我可以说没有种子便没有芽，故芽之有，依于种子之有，所以种子是根本。此比喻宇宙莫有物质即无生命、心，故生命、心之有，依于物质之有；物质是根本。

慎思：我要先问你芽之有与种子之有，既同是一"有"，何以此之有，要依于彼之有，而说彼之有是根本？

常识：芽之有与种子之有虽同是一有，但当种子有时芽尚无。说芽是有，也只可说芽为"可能的有"；种子之有则已是"现实的有"。可能有的芽必依于现实有之种子。现实是可能之根本，所以种子是芽之根本。依同理，自然宇宙最初之现实的原始物质，是后来可能有之生命、心之根本。

慎思：我想你说现实是可能之根本，自一方面说是对的。但是我们从另一方面，亦可说可能是现实之根本。

常识：我不懂你的意思。

慎思：你说现实是可能之根本，是说没有现实，便无可能，如无某种便无某芽。但我亦可以说，若是一以后不会生某种芽的种子，其现在亦就不会是这个样子。我们可以说，不是氧气便不

014

能燃烧，但是我们亦可说，不能燃烧便非氧气。所以我们亦可说若无可能亦无现实。你可以说若无现在则无将来，我亦可以说若无将来亦无现在。

常识：但是现实在先、种子在先，可能在后、芽在后，所以现实是根本。

慎思：现实并不在可能之先，只在"尚未实现的可能"现实化之先。种子并不在"芽之可能"之先，只在"芽之可能"现实化而成芽之先。所以你不能自现实可能之先后说现实是根本，犹如现在并不在可能的将来之先。现在只在指定的将来化为现在之先，你不能由此说现在是将来之根本。

常识：将来未化为现在时，现在已是现在了。所以现在是根本。芽未成芽时，种子已是种子了，所以种子是芽之根本。因此现实是可能之根本。

慎思：但是现实未成为现实时，必先是可能。当一草木之种子未结成时，此草木已有结成此种子之可能，那我们何不说，种子之现实依于种子之可能。一切未生的东西，必先有"生的可能"而后生，那我们何不说"可能"为一切现实之根本。每一种物质，在未表现某一状态时，必先有表现某一状态之可能，所以表现某一状态之可能，为物质表现某一状态之根本。犹如现在都是过去的将来，必先有过去的将来而后有现在。所以我们亦可说将来是现在之根本。在我看来，可能与现实只从时间上看，并无一定意义之先后可分。若要分先后，则可说先有某现实而后有其可能，亦可说先有某现实之可能，而后有某现实。若不谈上帝，你永不能找出一最初的现实。因为若一切现实都表现于时间，则在其未表现于某时间之前，都只是可能。

现实与可能在时间上看既无一定之先后，所以你不能根据现实在先、可能在后而说现实是根本。你不能在种子现实而芽尚只是可能时，说种子是根本。亦不能在宇宙间只有原始物质现实，而生命、心尚只是可能时，说原始物质是根本。现实是真有的，可能亦是真有的，使现实可能的亦是真有的。可能的成为现实的，现在的现实再过去，其他的可能又成为现实。从现实方面看，必须有现在的现实，其他的可能才会成现实。从可能方面看，必须有可能，而后一切现实才可能。所以你只从现实方面看，而只以现实为真实、为根本是不对的。因为现实与可能既相待而有，我们又何尝不可说，可能是现实的根本？可能既可说是根本，那么我们就在你所谓只有原始物质现实、生命与心尚只有可能之时，又何尝不可由：当时之有生命、心之可能，为以后生命、心之现实之根据。而说生命、心与物质同是根本的，同是真实的？

常识：你的话我亦可承认，但是你还要注意一点，现实的已经现实了，而可能的可以永不实现。世间上可能的事太多了，然而多未现实。所以"现实"，始终较"可能"更多真实性。当宇宙只有物质时，物质已现实了，而生命、心尚未现实。在当时说，他们可以不现实。种子已有了，而芽尚未生，芽可以不生。

所以种子更真实，物质更真实。

慎思：我想你的话仍错了。因为你仍然只以现实为真实，所以你说，可能未必化为现实，可能不如现实之真实。但假如你自始就承认，我们上所说"可能"与"现实"都是真实之说，则可能虽未必化为现实，然而他仍可与现实同样真实，为构成宇宙之所以成为宇宙者。

常识：假如说不现实的"可能"，亦可以与"现实"同样真实，那么假如宇宙间永远只有物质而无生命、心亦是可能的；这样一来，宇宙间有生命、心，便只是偶然的。不过是因为那些原始物质，恰巧如何转变结合，便使生物产出。假如不是那样转变结合，生物便可不生。犹如种子恰巧在适宜的环境便发芽，芽之生是赖环境之一些条件。芽之生，对于种子不是必然的。此喻生命与心之出现，对于原始物质，亦不是必然的。然而，原始物质，我们可说他是在最初便必然存在的。偶然对必然，必然的是根本，偶然的非根本。所以我们仍可说物质是根本。

慎思：我想你的话逐渐在变。你最初是自时间之先后，分根本与非根本；其次是自出现之相依，分根本非根本；其次是自亲见，分根本与非根本；其次是自可能与现实，分根本与非根本；现在你是自偶然与必然，分根本与非根本。你的话在变，是不是？

常识：我的话虽然在变，但是我的意旨是连续的，后来的话是自前面的话引出。我只觉得我前面的话，不能真代表我的意旨，所以我愿意修正，但是我的意旨仍然一贯。

慎思：但是我认为你的话还须再修正。纵然你可说，原始物质必然存在，你亦不能证明生命、心是偶然。这种子的比喻本身之含着不妥当，使你又陷于一错误。种子之生芽要待种子以外的条件，如日光水气及其他，所以种子生芽的可能可不实现，于是你可说芽之实现对种子是偶然。但是假如种子不待其他任何外在的条件，仍可长成芽，那你便不能说种子之长芽是偶然了。然而你所谓宇宙之原始物质，已概括一切宇宙中原始存在之全部，此外并无其他的存在。那么所谓原始物质之发展出生命、心，便是自宇宙之原始物质本身，自发展出生命、心。生命、心既是自你所谓宇宙原始物质本身发展而出，那么你便只好说生命、心之发展而出，为你所谓原始物质自性的要求。自你所谓原始物质，必然的将发展出生命、心，生命、心对你所谓原始物质，便决不是偶然的。偶然必然的分别，本来只可用于相对的事物。我们从一些定律去看事物，不依从此一些定律的事物，便似乎是偶然的了。但是对于整个宇宙，严格说，根本无所谓偶然必然。要说必然，则整个的宇宙中之一切事物，只要是曾出现的，其出现有所以出现之理，我们便当说他是必然的要出现的。生物人类既曾出现，其出现有其所以出现之理，那么生命与心，便是必然出现的。你的错误，由于你只把一段时间之宇宙外表，作为整个宇宙，所以你以生命、心之出现为偶然。你以一段时间之宇宙外表为整个宇宙，你的哲学不是真正的哲学。因为哲学应以整个宇宙为对象。

第二节 辨生命、心，依待物质而存在

常识：但是我所谓偶然必然，尚可有另外的意义。我可以全不自宇宙之某一段时间之外表来说，我可以自整个宇宙，说生命、心是偶然。我可以重新界定我所谓偶然必然之意义。我说生命、心是偶然，因为他之出现是无常的。生物可以死，人类可以死，而物质是常住的，所以他是必然的存在。

慎思：我想你说物质宇宙是常住之说，并不可靠。因为物质宇宙亦是变化无常的。物质现象之旋生旋灭，与生命现象心理现象之有生灭是一样的，分子原子可破坏，与生物人类之可死，是一样的。

常识：物质现象可旋生旋灭，但物质的本体是常住的。一些分子原子可破坏，一切分子原子不会破坏完。纵然一切分子原子都破坏完，电子质子仍存在。分子原子之破坏，只是物质各种组织形式之破坏。物质之本身是不灭的，常住的。物质不灭，能力不灭。物质能力永远存在，而生命与心不是永远存在的。

慎思：我请问你，如何知道物质有本体而且是不灭的？我们所认识的只是物质的现象，一切实验都只能就物质的现象而实验。也许物质的本体并无此物，而只是有许多物质的现象互相转易。因为每一种现象恒继以另一种现象，现象与现象之转易，有

一种能量上之相等或平衡之关系，于是使你以为有一不灭的物质本体，而在实际上，可并无物质之本体，因为你不曾看见过物质之本体。

常识：物质的本体一定有的。没有本体，现象从何处来？物质本体，我虽不可直接接触，但是我可接触物质之现象。有如此之现象，必有使如此现象发生之本体。

慎思：我们姑且承认你所谓立本体之理由。但你是为要说明现象之来源而立本体，那么你之立物质之本体，只是根据有物质现象了？

常识：当然我们只能根据现象立本体，不然便成为幻想了。

慎思：那么我们为什么不可根据生命现象，立生命之本体，根据心理现象，立心之本体？因为就现象上说，生命现象心理现象与物质现象是不同的。不同的现象，何不说有不同本体？假如不同的现象，有同一的本体，心、生命之现象与物质之现象是同一的本体之现象，那么对此本体，我们不应当只名之物质之本体，亦可名之生命之本体、心之本体。

常识：心理现象、生理现象，别无心或生命之本体。因为生物人类死了，我们便不能在另外的地方看见生命、心的力量。一种物质现象消灭了，如纸烧化了，我们可以在另外的地方，发现此物质化成之其他物质与其力量，如我们可以发现灰同其他气体化合物与其力量。然而生物死了，人类死了，生命、心便毫无力量表现了。只有他们的尸体还存在，然而尸体只是物质。一切生物人类，凭借物质而生，死又复归于物质。个人如此，整个的生物人类也如此。所以宇宙最初只有星云与地球之物质。地球继续变化运转了，不知若干年，而后有生物人类。但是最后，地球冷了，太阳热力灭了，一切人类生物，不复存在。仍只有无穷的物质，万古不息的，在太空中运行。物质犹如大海，生物人类犹如海上之波。波升自水，又沉入水，水才是本体，波只是现象。

慎思：但是你怎样知道生物死了，人类死了，一切生命与心，便毫无力量表现了。你焉知：生物人类之死了又生，不是由于原来的生命、心之重新表现他自己，成为具另一种生命现象、心理现象之生物人类？犹如你所谓纸之物质重新表现为灰或气体？你焉知在未有生物人类以前之无穷时间中，不曾有无穷次之生物人类之出现？你焉知现在生物人类纵然毁灭完之后，将来无穷时间中，便不会有无穷次生物人类之再出现？你焉知在你所谓物质之本体外，不另有一生命、心之本体或更有一统摄此一切本体之更高的本体？你焉知你所谓物质之海之外，莫有生命之海、心灵之海与之相重叠，他们只是在有生物人类之波处相交；在你所谓生物人类死时，生物之生命复归于生命之海，人之心灵复归于心灵之海？

常识：但是你不能指生命之海及心灵之海与我看，我们只看见物质之海。你的话只是玄想。生命之海、心灵之海，我们看不见。

慎思：你说你看不见生命之海、心灵之海，是在物质世界看不见生命之海、心灵之海？还是在生命的世界、心灵的世界，看不见生命之海、心灵之海？我想你只能说在物质世界看不见生命、心灵之海。因为你前面的话，都是自物质世界看。但是你自物质世界看，不见生命心灵之海是当然的，犹如你在白的颜色中看不见红的颜色，固体中看不见液体，鼻子中听不见声音，向东方望不见西方，在山穴中，看不见天。但你不能由此证明生命之海、心灵之海之不存在。

常识：但是你亦不曾证明，生命的海、心灵的海之存在。

慎思：假如你永远向西方看，我永远不能指东方之物之存在与你看。你要知道生命之海、心灵之海之存在，你须自生命心灵本身看。

常识：我不能自你所谓生命心灵本身看。我看出的生命心灵之现象，只是物质之现象。

慎思：你相信不相信你之不能如此看，亦许由于你的习见，遮蔽了你，由于你的知识之有限制。

常识：亦许是因为我知识有限制，我为我习见所蔽，因为人总是有错误的，犹如我觉你有错误。但是当我只是我时，我纵然错误了，亦只好相信我错误的见解。除非你能把你认为真理的使我相信。

慎思：那你认为你有错误的可能了，你之不能自生命心灵本身看，可以由于你知识的限制，可以由于你只知自物质世界看了。

第三节　辨生命、心之本体之不存在

常识：当然我有错误的可能。但是你在未能教我自生命心灵本身看时，我仍然只好从物质世界看。

慎思：我现在尚不便教你如何自生命心灵本身看。我现在只是要你承认你之只知自物质世界看，可以由于你知识之限制。你只要承认这一点，那我就可以同你说，你那种只从物质世界看，而主张无生命、心之海之说，是不妥当的。只从物质世界看，而成立无生命、心之海的结论，你的理由是不充足的。因为从东方看，本来可以看不出西方之物之存在。

常识：呵，我想起了，我只从物质世界看的结果，我看出许多事实，可以证明生命之海、心灵之海之不存在。犹如我们向东看一镜子，我们看出西方并无物之存在。

慎思：那么我要请问，你看出些什么事实可以证明生命、心之海之不存在，生命现象、心理现象无另外的本体？

常识：事实很多：第一，是我们知道一切生物人类的生命现象心理现象，都是受物质现象所决定。物质现象决定生物人类之存在。所以只物质现象是真实，只有物质之本体是真实。我们看，一切生物人类之存在，都赖物质环境容许他存在而后存在。一年不雨，草木便凋枯了。洪水一至，陆地上的生物便一群一群的淹死。地壳一爆裂，人类便魂销骨化。你试看看物质支配所谓生命、心的力量，你便可知道所谓生命、心是如何脆弱的东西。生命、心之存在，完全赖物质环境之暂时容忍他存在。只要物质环境，一朝不容忍他存在了，在物质无限的权力之下，一切生命、心，都只有低头屈服，忍受他最惨酷的命运。

慎思：我姑且承认生命、心，可以屈服于物质权力之下。但是这不能证明只有物质是真实的。因为你说生命、心屈服于物质的权力之下，你已承认生命、心之存在。莫有屈服者，谁来屈服？莫有屈服者，谁来感到压迫者之权力？屈服者若不曾努力反抗而终于失败，如何会觉到压迫者权力之大？屈服者莫有最大的感受力，如何会觉到他的命运之惨酷？所以从你的话，同时证明生命、心本身之有他独立的力量。他的力量纵然不及物质之力量，然而他的力量是与物质力量相对的。那你便不能说宇宙间唯有物质力量是真实的。而且在生命、心之屈服于物质之事实以外，同样有物质之屈服于生命、心之事实。你到自然界一看，青的绿的是谁染的颜色？你可曾想想每一块青色绿色，都是生命利用转化物质，以表现他自己的工作之象征？你可曾听见每一块青色绿色，都在欢呼生命之胜利？你可曾想到为什么一微生物，如能自由繁衍到数年之后，体积便比太阳还大？你可曾想到，这证明的是生命潜力之无穷？至于心灵之力之大，更是人所共认。一切科学的发明改造自然之力，是如何之大。旱灾洪水，科学家已能控制。地震，科学家可以预测而先逃避，而且科学家已在发大愿，要控制地震。这不是表示智慧之力心灵之力，亦可过于物质之力，物质与生命、心互有相屈服的时候吗？愈在过去时代，生命、心之力屈服于物质时愈多；而愈到将来的时代，我们敢断定，心力与生命力之结合，以制御物质之处愈多。你如何只说物质之力决定生命、心，而不说生命、心之力决定物质？你如何只承认物质之本体，而不承认生命、心之本体？

常识：你的话不错，你尽可以从人类之智慧，尽量夸张心的力量。但是我们要追问心的力量自何处来。无论怎样伟大的科学家，只要三天缺乏食物，便一切智慧都塞住了来源。无论怎样彻底的唯心论者，只要突然我们轻轻拍他的头一下，他最严肃最专诚的哲学思辨，马上会停止。假如莫有物质的营养与物质环境的容许，使你暂时宁静，一切智慧思辨从何处开始呢？如果物质世界，最初不容许人类之存在，人类一切征服自然之科学，自何处来？

慎思：你的话至多仍只是说明心之活动，待物质外缘之容许，而不曾说明心之活动之力量，本身发自物质，心力只是物质之力。

常识：心的活动，离不开脑髓身体之活动。有脑髓身体之活动，而后有心之一切活动。脑髓是物质，所以一切心之活动都发自物质。心力只是物质之力。

慎思：心之活动，离不开脑髓身体活动，也许是由于心之活动与脑髓身体之活动相依，如秤之两头低昂之相依，而未必是心之活动自脑髓身体活动发出。

常识：我们知道对于身体脑髓，与何刺激，则心将如何活动，所以心之活动出于脑髓身体之活动。

慎思：但是我们明觉得我们意志要如何，我们身体常会随意志而动作，我们可以相信身体脑髓必有某一种变化随意志而有。

常识：你觉得你意志能支配身体，只是你觉得你意志有力量。但是一个真了解你的身体结构的人，会告诉你之所以有此意志，只因为你脑髓受了在先前的身外或身内之物质的刺激而在如此活动。你意志的力量，只是你脑髓身体的力量。你意志本身毫无力量，你自觉你意志能自发出命令，只是因为你不了解使你发生意志之物质的原因。你觉得你意志有自由的力量，只是你自己虚妄的幻觉。

慎思：假如意志本身毫无力量，我们自觉他有力量，只是幻觉；那么这种幻觉，自何处来？我们如何会对本身毫无力量的东西，觉到力量呢？你不能说这是纯粹的幻觉。假如你说这是纯粹的幻觉，那么我们有这幻觉，总是真的。我们自己的心能发幻觉，那我们的心，至少有发幻觉的力量。你仍不能说，我的心毫无力量。

常识：我以为真正讲起来，根本无意志一东西。你觉到你有意志时，你只觉到一种生理上之紧张状态。此紧张状态中有一力量。这力量实际上就是一身体的物质力量，不过你把他单独提出来，你遂名之曰意志。意志本无此物，只因你不了解一生理之紧张状态中之力之原因，所以你把他单独提出来而孤立化，于是你

026

以为有独立的意志之力了。

慎思：假如心真毫无力量，那么我们如何能单独提出一力量而孤立之？而且我们了不了解其原因，在此有什么关系？假如因为我们之心之不了解，便能使我们发生幻觉；心之了解，便能节制我们的幻觉。岂不是我们"心之了解"有一种节制幻觉之力量了吗？所以你无论如何不能否认心之活动是有力的。

常识：你心之了解之能力，亦自脑髓之物质发出，他本身亦是物质能力之一种。

慎思：一切物质的能力，都用五官感触而后知其有，你能用五官去感触"了解"吗？假如"了解"真是脑髓之物质的能力，物理学家应当能把正在有所了解之人的脑髓，拿来实验，而发现一"了解"之物质的能力，但是能不能？

常识："了解"自然不能拿来如此实验，"了解"本身不能用五官感触。但是我们试分析一切"了解"自何而来，一切"了解"都开始于我们对外物有所认识，这即是五官之感觉。"了解"本身，不能用五官感觉，然而一切"了解"，都由五官感觉外物而有。五官是物质，外物是物质，我们可以说五官之物质与外物之物质结合，而有感觉、有了解。所以了解是物质性的。我们可不说"了解"是脑髓某一物质之能力，但我们可说是脑髓物质之能力与外物能力，互相结合而有的一种物质的能力。所以只在脑髓中发现不出，在外物中亦发现不出，于是我们误以为他是精神性的。其实他仍由物质的能力之结合而生之物质能力。

慎思：假如"了解"真是物质能力结合而生之物质能力，那么我们知道一物质能力与他物质能力结合而生之能力，在二物质中虽发现不着，在二物质间当可发现。如月球与地球之吸引力，我们可以自海潮中发现。然而谁能在感官与外物间，发现一"了解"之物质能力？假如"了解"是一物质能力，他有多少能力单位的能量？哪个物理学家能加以计算？我们不是故意要问此滑稽的问题，我要你彻底否认"了解"本身之物质性。

常识：纵然我们不能说了解、情感意志等心理力，是由外物与脑髓结合而生的物质能力，我们承认他们是心理力；我们仍可说他们是附于脑髓身体上之心理力。心理力和脑髓身体之不同，如烛光与烛之不同，然而烛光附于烛、心理力附于身体脑髓之物质，故仍当说物质是本体。心理力表现之心理现象，只是脑髓物质之附现象。生命力表现之生命现象亦复如是。所以我们仍可主张唯有物质是本体，除物质外无其他之本体。心与生命之力只是附于物质本体之特殊能力而已。

慎思：假如你已承认有异于一般物质能力之"心与生命之特殊能力"，那你便当更进一步，取消你所用的"心与生命之特殊能力，附于物质"之"附于"二字。因为心与生命之能力，既然在脑髓之物质所发出之物质能力中找不着，我请问你从何处看出他们附于物质？他们如何附法？他们的"附"是物质性的，或非物质性的？假如他们的"附"是物质性的"附"，你们应当能用物理方法测验得出。如果是非物质性的"附"，那么非物质性的

"附"于物质，如何可能？所以你只能说心与生命力之发出，与脑髓之物质力之发出，有平行相依或交互相感的关系，而不能说心、生命力"附"于脑髓身体。你只能说心理现象生命现象与脑髓身体中物质现象平行相依或交互相感，而不能说只有脑髓身体之物质现象是真实的，亦不能说只有物质现象才有其相应之本体。

常识：我们虽可承认心理现象生命现象，与人类生物身体中之物质现象，平行相依或交互相感；但这是就已有心理现象生命现象以后说。然而我们须知，宇宙历史之一时期只有物质现象，只以物质结合组织复杂至某程度或某形式，乃突现出生命之性质，进而突现出心之性质。他们已现出后，乃有物质现象与生命现象心理现象平行相依，或交互而影响相感。此时或许生命、心之支配决定物质之力量，可较物质支配决定生命、心之力量尤大。但是我们寻求生命、心之源，仍由物质之结合组织成某形式而突现。所以物质乃宇宙之最底层，乃上层之生命、心之基础，上层之生命、心所自突现出。所以物质乃生命、心之根本。自此意义，我们仍可说只有物质是本体。

慎思：假如生命、心之性质与物质之性质，根本不同，如何生命、心，能自物质结合组织而突现出？

常识：我们承认宇宙之进化历程中，有新东西之创出，如生命、心。但是新的东西之创出，乃由物质结合组织成某形式而来。

慎思：但是物质结合组织所成之某形式，即是人类生物之身体。自身体之物质本身上，不能用物理方法去找着生命，心之"了解"、情感、意志等，你已经承认；那么所谓由物质组织而突现生命、心，何不可说是生命、心自己呈现于物质之组织结合之上？那么你所谓物质层是生命、心之层之基础，当犹如房子之屋基是房子之基础。

常识：这比喻我承认，所以在屋基中发现不着房子，房子中亦莫有屋基。但必有屋基而后有房子，房子是自屋基上叠积起来的。屋基动摇，房子便要倒，所以屋基是根本。

慎思：但是房子不是自屋基中涌出来的。房子木石是自他处取来，——放下而叠积成功的，不是自然的自下而上叠积成的。我们的真问题，在我们刚才所说，你"如何可断定，你所谓自物质之结合组织上突现出生命、心云云，不是生命、心自己呈现于物质之结合组织上而表现他们自己"？假如你只是从屋基看上来，而不曾看见匠人之——将木石放下，你岂不会以为屋基自己会涌出房子？你所谓自物质突现出生命、心，也许就犯这样的错误。你可以自下而上说屋基是根本，我们又何不可自上而下，说房子是根本。你可以自屋基动摇，房子会倒，说屋基是根本。我们亦可自房子之重量，可以将屋基压紧，屋基是为修房子而存在的，说房子是根本。你可以自下而上，说物质是生命、心之根原。我亦可自上而下，说生命、心另有根原。

常识：你的话始终是比喻。也许生命、心另有其根原，我们可以由下看到上，也可由上看到下，他们是平等的存在；或许物质是统于生命、心；生命、心才是宇宙之最后的本体。但是你要知道，我们只能由下看到上，便总觉先有物质，如房子是自屋基中涌出一般。你有什么方法，能使我自上而下看，由生命、心看到物质？除非你能使我亲切的觉到生命、心之存在，如我们之所觉于物质之存在一般。我是不能由上至下看的。

慎思：我现问你，你试反省你为什么不能同样亲切的觉到生命、心之存在。你先想想，我们再讨论。

第二章
物质与生命（下）

第一节　辨物质之意义

常识：我对于上次所问何以不能亲切的觉到生命、心存在之问题之答覆是：因为生命、心是惚恍迷离的东西，而物质是最实在的、坚固的。

慎思：你不是觉得你的苦痛、快乐等感情、思想，是最实在的东西吗？

常识：但是那只是生命、心之性质状态。生命、心的本体，我不了解。

慎思：你对物质，亦只能认识他各种性质状态，如色、声、香味、形状、位置、动态等性质状态。

常识：但是我们由物质性质状态之认识，马上若觉有客观的坚固实在的东西。所以我们可以马上相信有物质之本体。然而我们从苦痛、快乐、思想，则不能马上觉到生命、心之本体。

慎思：但你说你觉到物质现象，若有客观坚固实在的本体，你实际上并没有真觉到。你觉到的，只有物质之性质、状态等现象，你怎敢在理性上断定物质的本体的存在？

常识：因为我们对物质之性质状态之了解最多，最清楚。我们对于物质性质、状态，有比较明晰的观念。性质、状态虽是"用"，但由我们对于其"用"有比较明晰之观念，所以我们容易由其"用"以建立其本体，即外物之本身。

慎思：物质本体，外物本身之观念，既由对于物质之性质状态之用，有比较明晰之了解而建立；则若我们对生命、心之性质状态，有比较明晰之观念，那么我们对于生命、心之本体之观念，亦可以建立起来了。

常识：但是我们现在对于生命、心之性质状态，比较明晰的观念，尚莫有。我们必须对生命、心之性质，有与我们对物质性质之同样明晰之观念，我们才能平等的建立生命、心与物质之本体之信念。

慎思：那么我请问你对于物质状态，有何种明晰之观念？

常识：物质是我们可以直接感觉到的，物质具备可感觉之性质。我们感觉外物之色、声、香味等。

慎思：你感觉到所谓外物之色声香味，不能说即是你所谓外物本身之性质。因为色声香味之感觉，乃由你感官同所谓外物本身接触而后有。你不能断定你不接触他时，外物本身，亦有如是之色声香味。由几种条件合而有的东西，不能未经批判，而说是存在于一种条件之中。如氢氧二者在二千度高温下合成水，不能说水在氢中或氧中。不过关于此问题，我们暂不多讨论。

常识：那么，能动或静而有数量之形状体积……是外物本身的性质。

慎思：但是形状体积必须表现于色声等之中，形状体积之认识，仍然由你的能感觉的感官与外物接触而生。你仍不能一定说他属于外物本身。

常识：但是我们必须与外物本身接触，然后有声色香味及形状体积等感觉。所以外物本身，至少有引起我们各种感觉之能力。外物本身，就是引起我们感觉的东西。外物本身的性质，就是引起我们的感觉。

慎思：假如外物本身的性质，只是引起感觉，那么我们对于外物本身一无所知。我们所知者，只是他与其他条件合而生之其他结果了。

常识：但是他总是一必须的条件。

慎思：我们对于一事物，我们说他由何条件结合而成，我们必须先知道各条件之存在。如果我们对于一条件之存在从来不曾认识过，则也许本无那条件，亦不可知。如果你对于外物本身，一无所知，我们如何能说他存在。

常识：假如感觉生时无外物来刺激，何以我们不能凭空生感觉？假如感觉是凭空而生的，何以在有些地方生，一些地方不生？可见一定有所以生或不生之故。所以我们必须承认我们生感觉之因，即我们必须成立一客观的存在即外物本身或物之本体。

慎思：纵使我们必须成立一因，来说明我们何以生或不生得感觉，故成立一客观存在。但这样的存在，其唯一的性质就是说明这一感觉的有无。我们何以知道这存在的性质，是物质的？客观存在的意义，不含等于物质的意义。

常识：因为这种存在是引生感觉到的，所以我们说他是物质性的。

慎思：你的话犯了循环论证的错误。因为你在说引生感觉的是什么时，你说是物质；而你在说物质是什么时，又说是物质是引生感觉的。你的话等于说：引生感觉的是引生感觉的，物质是物质，你莫有说明物质是什么。

常识：我可以界定物质的意义，就是引生感觉，如我们界定三角形，就是三直线围绕的图形。

慎思：三角形是三直线围绕之图形，除了三直线之围绕外莫有三角形，三角形之内容只是三直线围绕；那么除了引生感觉亦当莫有物质，物质之内容亦只是引生感觉而已。那何不可说莫有独立存在之物质，因为物质除引生感觉外，无任何性质，其意义中离不开感觉，而感觉非物质。

常识：我们可说物质的唯一性质是动，由动而引生出我们之各种可感觉之现象之变动者。由变动而见物之有力，使不动者动。

慎思：我现在愿意退一步承认你的说话，不把此问题再向深处引。我愿意承认你此种意义之物质存在。我只望你注意，变动亦是一普泛的名词，我们可指一切生命、心之变动。

常识：那我们可界定，物质为引起我们具形状体积等之感觉现象之变动者，或表现为空间中形体之变动者。表现为空间中之形体之变动，就是物质之唯一性质。故物质皆可说为一物体之物质。

慎思：我们心中所想象之物之意象之变动，亦是表现为一想象之空间中之变动，想象之物亦可有形体。

常识：但那不是实际的空间。

慎思：实际空间与想象空间有何不同？

常识：想象空间可不相延续，实际空间是相延续的。各想象空间中之形体之意象本身之变动，不相延续，而实际空间中之各形体之变动，乃相延续的。

慎思：那么你不应当只说表现为空间中之形体之变动，是物质之唯一性质。你当说表现于所谓实际空间，引生出之形体之变动，能相延续者，为物质之唯一性质。引生此延续之变动，为物质之唯一性质，由此延续之变动，见不动者之动，即显物质之力。

常识：我亦有这个意思，但未能清晰的表达。

慎思：你可曾想想什么是我们所谓延续之变动？

常识：我想延续之变动就是每一变动都过渡到另一变动，每一变动都有其因都有其果，因果相延续，莫有截断的地方。所以物质界中一切形体之变动或物质之变动，无无果之因，无无因之果。因果间尽管相距之时空极久远，然而总是有因果关系之存在，所以物质不灭，能力不灭。

慎思：物质界一切形体之变动之因果关系中，表现何种规律？

常识：这我不知道。我愿请教。

慎思：我想你们通常所谓物质的物体，如不涉及热力学第二律之物理学专门问题，其在所谓实际空间中，所表现之延续变动间之因果关系，含二种规律：一是可逆转还原之规律，这是说若某果真是由某一些因而生，那么我们在原则上，必同时相信，可将某果重析为某一些因，再构成某果，中间可皆无物质能力之质量能量之增减。如由氢氧而成水，我们必相信可将水再析为氢氧而再合为水，而无物质能力之量之增减。此即一物如何构成，我们可以依其构成之历程而逆转之，重化为原先之物，再依此历程以构成某物，而无物质能力之量之增减。二是互相外在对待之规律，即一物体，若是受其他之物体之影响，其他之物体在未影响之之先，与该物体是互相对待，互相外在，可各各平等的表现其在空间中之变动者。所以一物体之于他物体对之之外在之影响，不能有选择自由。假如不含这二种规律的动，我们便不能说他只是物质的物体之变动，因为由此二规律，我们已将物质的物体之变动的性质界定了。此二规律亦即我们通常所谓物质的物体之性质。

常识：我们当然不能把物质或物质的物体之名词随便乱用，不然便失去了他的意义。

第二节　辨生命与物质之不同

慎思：我们从此便可看出有生命之生物之动与物质的物体之动之不同，因他可不含我们上述之物质的物体之动之二种性质。

常识：有生命之生物之动，如何可不含此二种性质？

慎思：有生命的生物之动全不能还原逆转。我们可以由"生物之身体，化分成所由构成之物质能力，便不能再合成身体，而无所增减"上看出来。

常识：但这只是因我们对于构成生物身体之全部物质，如何组织配合，我们不能全知道。如果全知道，我们亦可以由物质制造生命。我们现在不能，在科学再发达时，就可能。犹如科学家今已能造蛋白质、原生质。在理论上，我们看不出一定不可能之理由。

慎思：科学家将一定之物质的物体组织配合而造生物，我现在并不说决不可能。但纵然可能，我们仍不能说生命之活动即物质之活动。因为我们可说当物质条件都具备时，生命便呈现于其上了。亦可说他已不是物质，而是生物了。关于这层，我们姑且不讨论。我觉得你的话误会了我的意思。我的意思不是说，物质的物体之组织配合不能成生物，我是说你不能把生物化为无生命之物质，又合成生物，而无能力之增减。

常识：如果科学真发达至某种程度，使生物成无生物，再成生物，而无能力之增减，有何不可能？

　　慎思：假如你真要把一生物化分为一些其所由组成之物质的物体时，你将觉这生物会表现反抗。这同你之将水化为氢氧，只要条件具备，他毫无反抗，截然不同。生物要维持他自己之是生物，而水并不表现为一定要维持他自己是水。

　　常识：水为你所击时，他亦可有反动力。

　　慎思：但是水的反动力之发出，不能说是要维持他自己。物体之反动力纯是向外的，而非照顾自己的。而生物之反抗力之发出，却是尽量的维持他自己。此是一方向外，一方照顾自己的Self Regarding。

　　常识：生物之反抗力，仍然不外其身体中物质之力。此物质最初是取之于体外的。他并未增加其他之力。

　　慎思：但是他运用他身体中物质之力所依照着的"方式"（或形式）是物质在体外时莫有的，是新增的。这方式，即如何反抗以维持他身体存在之方式。我们说生命之力，可以就是指此增加之方式之力。此方式之增加，使身体中物质之运动，改变他在体外之运动方式。所以此方式之增加，本身表现一种力。因此，当你把生物身体完全拆散，而不能表现反抗时，则生物之力有所减少。生物在对于你之拆散他之行为，表示反抗，就是对于你所用以拆散他之"其他工具之物质之力"，表示拒绝。同时生物对于其他有利于他身体之保存之物质与其力，便会表示欢迎。纯粹物质的物体便不会如此。纯粹物质的物体间，可以有相拒相吸力，如电子与电子间。但是其相拒是平等的相拒，不是一电子特感一电子要伤害他。相吸，不是一电子，特要化其他电子为其自身之一部。而生物身体之拒绝一物体，则是因此物体将伤害他；欢迎一物体，则因此物体有利于他身体之保存。他是以利害为标准，而分别的对其他物质的物体，加以选择。

常识：我们何尝不可认为物体都在想保存他自己，不然物体何以有反抗力，有惰性，有不易入性？怎么知道电子之相拒，不是彼此都要扩充其势力范围，加大其存在的意义，彼此都觉要免去互相有妨害的地方？物体之相吸，或许就是彼此都觉对方于己有利益，要赖对方来充实他自己，加深其存在的意义。他们之相拒相吸，即在互相选择。

慎思：从你的意思说，亦可谓一切物体都在保存他自己。但是物体之保存他自己，与生物保存他自己不同。在你所谓之物体之保存他自己中，物体是在其自身中保存他自己，他主要的是凭借他自己的力量来保存他自己。他也可感受外力而增强其力，以求更能保存其自己，但他不会要求去取一种外在之物体之力，来生一种力，以保存自己；或去取一种外在的物体之力，来生一种力，以抵抗妨害他的其他物体之力。然而生物能够吸取养料食物，化为其身体之物质能力，或造一巢，打一洞来保存他自己。生物可以赖其对环境之改造，借环境之力，来达到他保存他自己的目的。生物的活动，不只在生物身体之自身，而在其身体与环境之关系间。生物的支配力，表现于其如何调整身体与环境之关系，以达其自身之保存。他是靠他主宰改造环境的能力，控制身体外之物的力量，来保存他自己；而不是只靠他身体之物质之惰性、纯物质性的反动力、不易入性，来保存他自己。生命力表现或流行于身体与环境之物质间。生命力贯通于身体与环境间。生命力乃是连结组织身体与环境之物质者。在生命力发挥其作用时，身体之物质与环境之物质，都统率于生命力之下，身体之物质与环境之物质，都内在于生命力之支配中。所以他们彼此之间，亦不只是外在地对待的了。

常识：但是照我们前面所说，生物之连结组织那身体与环境之物质，并非真另外有一种独立之力量。他仍不过取资于原有之身体之物质之力量。他只是在一特殊形式下运用他身体中物质之力量以支配外物，而转化外物之力量为其身体以后活动之力量；而显为一"与自然原有之物质力量不同形式"之物质力量而已。我们便不当说有生命的生物或生命有什么新力量。

慎思：我要重说把自然中一形式之物质力量，变化为另一形式之物质力量，即可表示一新力量。

常识：但是这新力量，只是改变一种形式，对于实质毫无增加。他不过是将就旧有材料加以配合，而去配合之力本身，亦是旧的力量。那么我们可以说，生命力实不是力，只不过套于物质力之上之一虚空的形式，或能使一物质力量之形式，代替另一物质力量之形式而已。

慎思：不过照我看起来，所谓力量之表现，即不外乎使一物自一形式转变为另一形式。自内部看来，视为一力量者，在外部看来即只是一形式变为另一形式。所以严格说起来，你对外界物质的物体之变动，你所了解只是其物质形式的转变，你并未见其力之转变。所谓力者，当你自外部看时，只是你用以"加在物质之形式与形式之改变间"之名词。譬如你说物体的落下，是地球的吸引力。实际上你所见的，只是一"在空中与地有若干距离之一物"之形式，逐渐改变为"物在地上"之形式。你并未曾见其中之吸引力。因此只要物体之运动的形式有转变，我们便可说他受了一种力量。所以当你所谓纯粹的物质之动的形式，在生物身体中转变了，即表示有一新力量。我们不能说此新力量只是形式，旧力量才是材料。因为自形式说，一切力量之表现，都只是一种形式的转变。自力量说，则一切形式的转变都代表一种力量。你对于物质能自其内部看，而对于生命，则何以只自其外部看？你忘了我们对于物质最初正是自外部看，而只见其形式之转变；而对于生命，我们最初才正是自内部看，而亲切觉到生命力量之存在的。现在你对物质反要从内部看，对于生命反要从外部看，这是最颠倒不过的了。

常识：假如形式的转变，即代表一种力量，形式增加即是力量增加；那么，自然界有生物后，能力当有所增加，即就违悖物理学上能力不增不减之定律。

慎思：所谓能力不增不减之定律，纵假定能成立，亦只是说一处之每定量的能力消失后，他处必有定量能力之出现。某一处之一定量能力之出现，他处必有定量能力之消失。亦即是说，每一种运动之形式转变为他种运动之形式，其能量是相等的。我们可比一定量之能量为一直线。我们可以假设此直线是一圆面之直径。那么所谓其形式之转变为任何形式其能量都相等，可以比喻为：如在圆面中，只要通过中心点，则此直线无论如何转变其方向都相等。何方向有一直线形式消灭，他方向即有一与之相等的直线产生。于是我们可以推想，这圆面积中之直线长度，是不增不减。但是在此，我们可以想象，这圆面本身在逐渐向上运动成圆柱形或圆球形，而在我们量度此直线之长时，我们仍是照常的觉到各直线之相等。这就可比喻，自然界之形式尽管可有增加，然而我们只自物质之形式去看时，他们仍然若无增加。因每一种物质形式转变为任何物质形式时，其能量总是相等，于是我们遂总测验得能力未尝增减。然而在实际上，可以有高于物质之新形式增加，如套于物质原来之形式上，好比圆柱圆球之于圆。新形式之增加，亦即新能力之增加。

常识：究竟生命所增加之新形式与物质之形式是什么一种关系？

慎思：我们即可说是好比圆面与圆柱或圆球之关系。

常识：我不懂你所说的意思。

慎思：我之意是，假如我们姑以空间为物质的物体运动形式表现之所，物体运动之形式在三度空间中；那么有生命之生物之运动便可说在四度空间。假如物体之运动在四度空间，生物之运动便可谓在五度空间。

常识：我们现在尚不易设想，现在所谓加上时间视为空间一度之四度空间。我们姑且说物体在三度空间中运动，如何你可说生物之运动在四度空间中之运动？

慎思：我们说由一度空间到二度的空间的意义，就是说有了面，则原来线之一部分，可以由运动而似乎竖立出来成面，为原来之线之各部分之交会贯通者。由二度空间到三度空间，即是说有了体，则原来之面之一部，可以由运动而似乎竖立出来成体，为原来面各部之交会贯通者。所以由三度空间到四度空间，即原来之体之一块，可以由运动而似乎竖立出来，为原来体之各部之交会贯通者。

常识：如何可说生物是原来三度空间中体之一块，由运动而似乎竖立出来，成原来之体之贯通的东西？

慎思：所谓三度空间中之物质世界，我们可假设为一体。生物之身体如是物质，即原来体之一块。然生物之身体之活动是活动于环境之物质中，对环境之物质或取或舍，而目的则在其身体之物质的组织之保存。其身体之保存之目的，即是要求身体之物竖立于物质世界中。其身体之物与环境之物之交互反应，即是身体之物与环境之物之交会贯通。这一种保存，是要求生命继续在时间中存在；这一种贯通，是要求生命继续在时间中发展。发展是为的存在，要存在亦必须发展。时间本来是变化的，而生命之发展本来是随时间而变化。然而其随时间而变化而发展，正所以保存他自己之继续的存在，而战胜时间之变化性。无生物则不能随时间之变化，而由发展以保存其自己之继续存在，以战胜时间之变化性。所以我们说生物才真在四度空间中活动。

常识：但是生命不能真战胜时间之变化性，因为生物仍要死。

慎思：我们说的是生命之保存自己活动的性质，是战胜时间之变化性。生物死，是生物生命的活动根本不存在。只要生命的活动存在，他必表示自己保存之目的性的活动，而在战胜时间之变化。

常识：但是生物不能继续他的战胜。生物能有保存他自己的活动，在其保存他自己活动中，表示战胜时间之变化性；但是他不能保存他的"保存他自己之活动"，保存他自己之"战胜时间之变化性"，因为他的生命活动本身可不存在。

慎思：你所谓生命活动本身之不存在，只是自物质空间中看他不存在，只是说生命活动在三度空间中可看不见。亦许在生命活动自身之空间，他仍然存在。

常识：据我们的经验，生物之生命活动虽然可谓自物质空间竖立出来，可谓向更高一度之空间活动，但是这更高度之空间，是隶属于物质空间的。物质的空间犹如海面，更高度之生命活动之空间，犹如海面之上的空间。生命向更高度空间活动，如海波向上涌。我可说海波之向上涌，只是前后海水构成某一状态之故。这譬如物质结合而构成某状态，则生物的生命出现。你从海面说到海上，自然亦可说因有海上之空间，水自己有向上涌之性而后海波上涌，所以可说生命自身有贯通物质空间，向更高度空间活动之性。但是依我看，海波隶属于海面，海波由海面涌起，复沉入海面。这比喻生物的生命自物质世界生，复死于物质世界。生物的生命之生死，如海波之起伏于海面，所以我们相信：生命活动所向之更高度之空间，与物质空间，是有同样的作用而同样真实的。

慎思：你比喻生命的历史如海波。因为海波只起伏于海面，所以只海面空间是真实，固未尝无理由。但是假如海上的海波，有继续向上涌以至无穷之倾向，成一在海面倒竖之流时，你尚能只承认海面之真实吗？我们知道海波可以受日月之吸引力而成很高的海潮。假如忽然日月之运转到距地很近，海波不是会一股一股的向上流，你还能只从海面看吗？假如日月上有海，或其本身是一海之体积，那么我们将因见地球上海面之水向日月之海水流去，便可说此种地面之海面海波之涌，不是由于海水之构成某状态，而由于日月上之海水在吸引他了。虽然我们只在地面之海水中研究，我们可以用海水之构成某状态，来说明海波之上涌——因为每一海波之涌出，都有其"海水构成之某状态"与之相应。然而我们自日月地间海水之全体看，我们却决不能如此说了。

常识：但是你的比喻，只是一好听的比喻。你用什么事实证明，你所谓生命之流，可以与你刚才向上流之海波相比呢？

慎思：因为照我们看来，所谓力量之表现，在外部看即是一形式之显出。所以每一形式，都表现一种力量。因此我们可以说一种形式，要变成为另一种形式，即一种力量在吸引一种力量转化一种力量。我们知道生物身体之发展，由结胎，到发育完成，是要成为某一种形式。当生物在发育历程中，其将完成之形式，在物质空间中尚未存在。然而这在物质空间中未存在的形式，已经表现一种力量。因为此形式，已为身体之物质变化之趋向。即已在吸引转化身体中之物质以适合于他。所以我们必需承认一超物质的空间中，此形式之力量已经存在。不然此种现象何以可能？

常识：但是我们知道生物身体发育之形成，亦可因物质环境之改变而改变。生物身体之发育成之形式，并非固定。我们知道生物身体之发育成某一形式，不是一直发育成功，而是一串形式之继续变化，到某一形式。所以严格说起来，发育之历程，只是一串形式之继续。我们并不能将某一形式特别提出，而视为以前一切形式转变之目的。当我们特别把一形式提出时，我们觉以前形式与之截然不同，所以我们便自然认为前者之化为后者，由后者有一特殊力量，而采取目的的说明。但是我们若自始即视此一串形式，为一继续不断之历程，则于每后一形式之出现，我们都可将以前发育成功之形式与环境之物之形式之互相融合为原因，以新形式之产生为结果，而作一因果的说明。所以我们可以不必承认生物发育成功之形式，在未存在于物质空间时，已有力量。我们主张其每一发育出形式，皆只是已存在的物质力量之形式，慢慢转变而来。因为这样子，我们更能说明生物发育成之形式，何以会因物质环境之影响而改变之理。

慎思：我可承认生物之发育是一串形式之继续变化；我亦承认生物发育成之形式，可因物质环境之改变而改变。但是我们可以说，生物有许多串，以至无限可能发育之形式，其中有一串发育的形式，对于某生物是最主要的，其次要、再次要者……合成一阶层。生物实际上之发育成某一串形式，乃其各串可能的形式之全部，与物质环境之物之形式互相冲荡淘汰之最后的结果。所以我们只从物质环境之可改变生物发育之形式，不足证明生物之发育无其本身趋向之形式。至因果的说明与目的的说明，我们认为此分别本不甚当，我们只能方便的加以分别。若本于方便的分别来说，我们认为此二种说明，初不相妨。因为所谓因果的说明者，不外说，在物质的环境中之前后之动变间，有一种必然或相应之关系。但是对于动变之全程，所向往之方向与行历，并无说明。譬如我们说一股河水顺河道流。因果的说明，只是说明河水之每一切面与前一切面间有一必然或相应之关系，于是我们可以自河水上来说，每后一河水之切面，都以以前河水之切面为因。但是河水之所以向下流，实由于河道中有向下低陷之空间。河水之成某一串形式，由于河道之某一串形式。"一河道之原是某一串形式"，即比喻生物之发育须依"某一串主要形式"而发展。河道之可因其他地理上的变化而可能产生之改变，即比喻"生物原要发育而表现之主要的一串形式"，可受"已成的物质世界中的物质环境"的力量之改变，乃改遵"另一串可能之形式"而发展。河道中之"一串向下低陷之形式"所表现之引水下注之力，即比喻"生物所遵以发育之一串形式"，所引起之"身体中物质之变化"去适合它、实现它之力。假如我们要说"河道向下低陷之一串形式"所以有"吸引水下注之力"，由于有地心吸力。我们便可以比喻生物之"可能发育成之一串形式"，所以能组织身体中之物质，由于有一超物质之生命力。

常识：你的话是说因果的说明和目的的说明可并存，那么凡是用目的的说明的地方，都可用因果的说明。但是我们的说明当求简单，我们已有因果的说明，何必要目的的说明？因为目的的说明，不过因果的说明外之一套子。

慎思：我们亦可以说立体不过是无穷的平面之一套子，但是我们不能说只有无穷的平面而无立体。因为平面只是部分的形式，立体才是全体的形式。对于生物之发育之因果的说明，好比只是说明每一平面与他一平面之相对应的关系，只是说明部分形式与部分形式之关系；而不能说明生物全部发育之历程所遵之形式。这必须自平面在立体中之运动，或平面自身之由运动而表现为立体处，来说明，而采目的的说明。在科学上，我们只研究部分，我们只可取因果的说明，在哲学上，我们必须自全体看，兼采此所谓目的的说明。

第三节　辨生命力之无限及物质与生命之相通

常识：我现在可以承认生物在他生存的时候，其发育之历程是在求适合、求实现，他之"尚未存在于物质世界中之一串生命之形式"。我们可以说生命之形式自身，有一种超物质之能力，能组织物质，以显出他自己，实现他自己。但是我请你重新注意死的现象。生物发育至某一形式即不再发育，逐渐向死之路上走，逐渐毁坏其"能表现生命、支配物质之形式"，最后沦为纯物质之形式之存在，如死尸。假如生命的形式真有独立的力量，可与物质之力量相对抗，生命力量真代表竖立于物质世界之一力量，代表自另一量向来之力量；那么生命亦当与物质力量同样无穷。今既不然，那我们还是只好比生物如海波，物质世界如海面。虽然海波之涌出可以表示海上之空间之实在，然而这空间不是无穷的高而只有海波那样的高。我们不能将海波那样高度的空间，拿来与海面如此之长阔之空间并论。因为海波高度之短，我们仍然忍不住要想，海波不过是海面拱起来之一曲面，我们还可以由海水之挤聚状态，来说明此海波之形式。我们可以找出此曲面未形成以前，海水分子之变化与此海波之形式中之各种对应（Correspondences）来。除非你真能指海波可无穷高的上涌，或指出一与地球接近的日月之海在上，吸引地球海水向上流，我们不能克服此种心理的困难。

慎思：那么我请你先注意生物之生殖现象。生物之无穷的生殖力量，即表示生命力量与物质力量同样无穷。生物之继续不断的遗留下他的子孙，即表示生命有永远竖立其自身于物质世界之力量，显出生命力所代表之量向，亦是无穷长的量向。

常识：但是当生物之子孙未出生时，他之生命力只存在于他的身体之物质中。我们看见他的身体之物质与环境中之物质，联结成无穷广大之物质世界。然而我们在他的身体中却看不见无穷广大之生命力之反映。因为他的身体之物质是有限的，所以其所表现的生命力，亦是有限的。

慎思：但是我请问你，生物的子孙自何处生？

常识：当然自生殖细胞生。（此文中生殖细胞兼指受精卵之能发育为生物者。）

慎思：生物之生殖细胞，即表现无穷广大之生命力之存在。无穷广大之生命力，即透露于生物之生殖细胞中。自物质世界上说，我们可说无穷广大之生命力之根，即倒栽在生物之生殖细胞中。

常识：我不懂你的意思。我知道生殖细胞的生命力是极微弱的，因为他是极微小的。他必须发育之后，乃有更强之生命力。

慎思：但是他如何能发育？

常识：我愿承认这是因为有一串生命形式要待表现，而使生殖细胞逐渐吸取养料，去实现他们。

慎思：但是你能否说生命发育之一串形式，可以在生殖细胞中找出完全"一与一之对应"（One to One Correspondence）的说明？

常识：我承认不能。因为假如在一人之生殖细胞之各部，都与成形之人之各部，皆有严密的一与一之对应，那生殖细胞便反映人之全体，而如一小人。这在科学上很难相信。假如真如此，那亦不须发育成人，因为此生殖细胞已是人了。而且，我们无论用什么放大镜，亦不能在人之生殖细胞内看见人的粗枝大叶。所以我承认生殖细胞只是含有发展成生物之可能，此"可能"在现实的生殖细胞中并不存在，但是我们可以由生殖细胞与其环境之交互作用，以说明人之如何长成。所以我们可以说，在只有生殖细胞时，我们把此"生殖细胞之物质之形式"与"将影响他毕生之发育之环境之物质之形式之全部"合起来，仍可找着其与"人长成之身体"之某一意义完全之对应。

慎思：你是找不着的。因人每一段的发育都是他前段的身体与环境之物质之形式互相冲荡淘汰，或通常所谓融合渗透的结果。由此而原来的身体与环境之物质，都各具备一新形式。虽然在新形式中，旧形式可有其对应者；而新形式之新处，则旧式无与相对应者。由生殖细胞发展成人，生殖细胞之物质与原来环境中之物质，经了无数次形式的转变，产生了无数次新形式；所以你决不能在物质与生殖细胞中，找出成人身体之完全的对应。你不能忽视此中之时间的经过，使新形式逐渐增加。但是此新形式之增加，即我们所谓生命力之表现。我们说此新形式，自生殖细胞与环境之融合渗透而出现，即说生殖细胞中之生命力表现于生殖细胞与环境间，在生殖细胞与环境之上，发挥作用。所以我们不能说，生殖细胞之生命力，只限于生殖细胞之中，而当说其是兼在生殖细胞之外之环境中活动。因此我们不能因生殖细胞之微小，说其所代表的生命力之微小。

常识：我们虽然承认生命力兼在生殖细胞之外之环境中活动，然如何知道生命力本身之无穷？

慎思：你只要承认生殖细胞中之生命力，即将环境与生殖细胞之物质，互相融合渗透之力，你便当承认生命力量是无穷的。

常识：我不懂你的意思。

慎思：因为你承认生殖细胞中之生命力，即将环境与生殖细胞之物质相融合渗透之力；那么生殖细胞，即是生命力表现其自身于物质宇宙之媒介。此媒介之绵续不断的存在，即表示生命力表现于物质宇宙之绵续不断。我们知道每一生殖细胞发育成完整的个体后，即又将分裂出生殖细胞。生殖细胞通过生物的身体，而无穷次的绵续他自己分裂他自己，而发展为无穷的生物个体；即表示生命力之有无穷广大的表现其自身于物质宇宙之力量。于是我们可想象：一生殖细胞，即一有无穷广大的生命力在此透露之生殖细胞，即无穷广大的生命力倒栽于物质世界之根。生殖细胞即无穷广大的生命力与物质世界互相贯通之所。其形如下图。

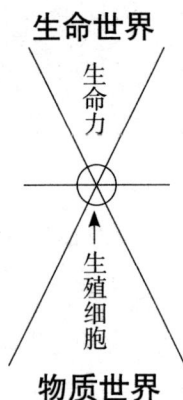

图一

常识：究竟生命与物质是一是二？如果是一，何以生物与无生物不同，生物要表现他自己时，觉物质之阻碍？如果是二，生命与物质如何发生关系，生命如何能表现于物质世界中？

慎思：在我们讨论的现阶段，我们须说生命与物质在概念上是二，而在生物中实联结为一，故可说为二而一，一而二。依我们上面所论，生命与物质之不同，是表现二种方向之活动之不同。我们可说生命表现于物质时，即生命活动形式呈现于物质活动之形式上，而成身体发育之历程中之形式。故身体发育之形式，即物质之形式与生命之形式之二而又合一。然而克就生物说，我们从一方面看其活动是表现物质之形式者，从另一方面看其活动，即只表现生命自身之形式。二种形式是一而二，我们认为生命与物质活动方向之关系，可以第二图来表示。

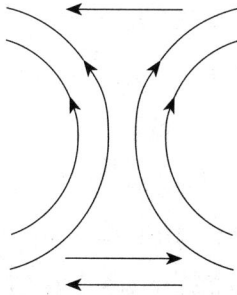

图二

我们说向横的方向左右活动的，即是我们所谓物质性之活动；向纵的方向向上活动的，即是生命之活动、表现生命力之存在的。然我们可以说，向横活动的、向纵活动的，原只是一股生命之流。他一方向东西流，一方向上涌，兼表现纵横活动之水波之形态，即比喻生物之身体之发育历程。我们从横的方向看，我们便可看出身体发育之一切形式，都不外物质之形式。我们从纵的方面看，则身体发育之形式都是生命本身之形式。合纵与横来看，我们便可说身体发育之形式，是生命自身之形式呈现在物质之形式上。我们以前之讨论，是因为我们要破除只有横的之唯物的看法，所以我们将纵的看法提出来相对，好像物质生命之形式先是二，然后再合起来。但如果你已破除唯物的看法，那么我亦可不先分开横的看法与纵的看法，再把他们合起来。我们亦可说，生物身体之发育历程，即一方面表现生命之形式，一方面表现物质之形式，二种形式在生物身体之发育历程中，自始是统一的。在此统一中即包含纵横二种活动之形式。所以生物一方感着物质活动之横的胁迫之力，一方感着其他未实现的生命之形式要求实现之纵的引升之力。这就是生命在他表现于物质世界之紧张之感觉，与物质若为一阻碍之感，所自生。

常识：在生物身体发育历程中，如自生命与物质为二概念来说，究竟是生命力向下贯注于物质，而吸引物质向上；或是物质在向上发展，以导引生命力向下？是因生命与物质之间有通路，所以互相流通、交会统一；或者是因生命与物质互相流通、交会统一，于是才开辟了流通之路？

慎思：照我们以前所讲，我们都是从生命力向下贯注或生命力在吸引物质向上说，这亦只是因为我要破除你之唯物的偏见。你只要一朝真了解了生命力自身的存在，则我们说物质自身在向上发展，或物质在导引生命力向下，都未尝不可。因为当我们了解生命与物质之不同，只是活动方向之不同，二者本质上是统一而相交会的。我们自其交会处看，说是上者下来，或下者上去；上使下者上，或下使上者下，都是一样。至于究竟是因生命与物质间有流通之路，而后生命与物质相流通；或因相流通而后有此流通之路，亦不成问题。因为我们从形式上去看，就是先有路而后力相流通；从力上看，则因有力而后有路之形式。形式与力，本来不过自内看自外看之不同，根本是一回事。

第三章
生存之意义

第一节　辨生命力之广大与不为物质环境所限制

常识：上次的谈话，你使我认识物质以外的生命之真实存在，你使我在横的物质世界之外，看出一纵贯物质世界的生命力。你使我从很小的生殖细胞中，透视着无穷广大生命世界；使我不只自空间中，看生物在时间中活动；使我由生命在物质的空间中之身体之发育，而看出生命纵贯时间，超越时间之变化性的活动；使我知道生命与物质是向不同方向活动，而又非割裂为二。你的话使我的世界观更广阔，我很感谢你。但是我细细体会你的话以后，我一方虽然觉得一种视野阔大之愉快，一方面也引起我更多的问题，我自己想想，不能解决，所以今天再来同你讨论。

慎思：一些什么问题？

常识：第一问题是你虽然告诉了我，由生物之生殖可以看出生命之无穷尽的力量，但是这种力量是从生殖细胞之可发育，或身体之分裂出生殖细胞看出。你所谓生命之无穷的力量，并未完全表现于物质世界。你所谓无穷尽之生命力之表现，只在无穷尽之子孙依次出现的时候。那么，在子孙未出生以前，一个体生物虽含无穷尽的生命力于他生殖力之中，一个体生物之所表现的生命力仍是有限的。虽然我们明知道，有限的生命力与无穷尽的生命力直接相通，不能截断。我们的目光，在了解生物时，当立刻注射到无穷尽的生命力之全部，而超越了唯物的观点。但是这无穷尽的生命力，终不是这有限的生物所有的。我们所得的慰藉，只是从想着那超越的无穷尽的生命力而来。无穷尽的生命力，诚然有他无穷尽的意义，然一有限的生物个体自身，比起他尚未实现的无穷尽的生命力来，其存在的意义，便太微小了。假如说一生物个体生存的意义，只是为他无穷的子孙，绵续种族无穷的生命，这种说法是许多生物学家拿来解释个体生存之意义的，那我也不愿相信。因为假设每一个体生存的意义，都在他的子孙，而子孙生存的意义又在他的子孙；则我们一直追索下去，我们始终莫有全存在的子孙。我们便只能说，一切个体生存的意义，都全寄托在那尚未存在之生命之上。假如个体生命存在的意义，永远寄托在未存在的生命之上，岂不等于说个体生命存在毫无意义？而且如果一切个体生命之存在，都莫有意义，只是为生子孙；则一切生命之存在都是手段，目的则是永不存在的子孙。则生物个体何必一定要存在，以求达到那永不存在的目的？所以我想假如要说个体生命存在的意义目的在生子孙，我们便必须承认个体生命存在本身有意义，本身亦是目的。然个体生命存在之意义，比起那无穷尽的生命力本身之意义来太小了。我要问究竟个体生命存在的意义是什么。

慎思：你说个体生命存在的意义，在其自身，是不错的。个体生命存在本身，即个体生命存在之目的，亦是不错的。但是你由此怀疑到个体生命存在之意义之微小，则是由于你思想上之一种混淆。因为你既然知道：要了解生物之所以为生物，当注视到无穷尽的生命力之全部，个体之有限生命和无穷尽的生命力不能隔断；你便不当拿有限的个体生命，来与无穷尽的生命力相对比。因为在你将二者相提对比时，你已把有限的生命，自无穷尽的生命力自身划分出来了。我知道你要说"我已说明我之所以如此划分者，是自生物个体中所实现之生命力看"。但是你若真只自生物体中所实现之生命力本身看，你仍不会如此划分。你在如此划分时，你实际上是把生物个体中之生命力与身体之物质合看。假如你全不想到身体中之物质，你如何会如此划分？至于你之所以想到其身体中之物质，便会如此划分者；乃由于你觉到其身体之物质是有限的，是可以自其他物质中划分出来的。于是你觉其身体中之生命力，亦是可以自无穷尽的生命力本身划分出来的。所以你所谓生物中表现之生命力是有限的观念，实际上是从身体物质之有限的观念，转移过去的。因此你所谓生物个体中生命力之有限，实际上即是指生命力借以表现其自身之物质之有限，而不是所表现的生命力自身之有限。

常识：无论如何，生命借以表现其自身之身体物质，总是有限的。试问：生命何以只表现于有限的身体物质中，而为物质所限制？

慎思：生命之表现，并不只是在身体物质中。我们以前已说过：生命之活动表现于身体与环境间，生殖细胞与所发育成之身体，只是生命力表现其自身之媒介了。

常识：但是身体所接触之环境之物质，仍是有限的。

慎思：你说身体所接触之环境之物质是有限的，是将其接触之环境中物质与其他物质划分开来说。

常识：我们对于物质世界，本可在意想中如此划为二部：一部是生物所接触之物质世界，一部是生物所未接触之物质世界。

慎思：但在实际上未必能。而且假如在实际上真可如此划分，则生命力未受物质环境之限制。因为他所接触的物质世界，都是他力量所到。生命力活动范围，并不比他所接触之整个的物质环境之范围小。至于他所未接触的物质环境，在实际上已同他所接触的物质环境划分开，已同他莫有关系，亦不能限制他所活动之范围。

常识：但是我们从外面看时，我们都明觉生物接触之物质环境范围以外，还有其他物质世界，为生物之生命力所不能到，则其生命力活动之范围，是被外面之物质世界范围住、限制住；亦即为整个物质世界所限制住。

慎思：那你是把你所谓生物接触之环境与环境外之物质世界合起来看了。你在意想中，已非真正划分开此二者。但只要你把此二者再合起看，你便不能说生命力活动之环境，只限于他所直接接触的。因为他所直接接触的环境之物与其他一切之物，是相联贯而合成一整个的物质世界。你应当说生物之环境，即整个之物质世界。所以你如果承认了生命力活动于生物身体与环境间，即当承认其活动于其身体与所在之整个的物质世界间。你不能在想生物之环境时，则将生物所直接接触之环境与其余物质世界分开；而在想物质世界时，则重新连起来。若你因相信在实际上的物质宇宙是相联贯相连续的，不能截断，所以你想物质世界时，你虽分了仍要合；你便亦应当同样知道：生物直接接触之环境，与非直接接触之环境，分了仍当合；而当承认生物之环境，即其所在之整个物质世界。故生物生命力流通于其身体与所在整个物质世界间，生物是对其所在之整个物质世界之环境而反应。

常识：我可承认生物对整个物质世界之环境而反应之说。但是他只能对整个物质环境刺激他的力量反应，他不能对物质之本体反应。所以其生命力只流通于物质世界刺激他之力，与他身体之物质发出之力之间，他不能流通入物质之本体之中。物质之本体在生命力活动之范围以外，非生命力之所能摄及，而限制生命活动之范围。

慎思：物质的本体是什么？

常识：是物质之力所自发。

慎思：物质之力与物质之本体是分离或是不离？

常识：是不离。

慎思：那么，生命力流通于物质之力中，即流通入物质之本体。因物质之力所在，即物质本体所在。

常识：但是物质之力发出后，即与本体分离。此本体另自有力，向其他物发出。

慎思：那么在物质之力后面的，与物质之力分离的物质本体，及其另外之力，便皆与此生物之生命力无关。他亦不能限制生命力。你想他在限制，你便已把此物质之本体与其对此生物所表现之力又合起来了。

常识：那岂不是生物在他与环境反应时，其生命力遍于为其环境之全物质宇宙。如此，何以生物的身体有不与环境相反应时，生命的身体有他所未曾反应的环境呢？

慎思：你能相信生物身体存在时，真有与环境不相反应时吗？天上的星云如果真是我们生命的环境，在我们不特别注意时，我们的身体对之便真全无反应吗？天文学不是早告诉你万有引力场，宇宙之电磁波之无所不在吗？

常识：物质之本体可以继续发出无穷的力，但我们的生命力所能摄及的，只是现在的物质之力，对于将来的（包括尚未传达到之远处的）物质之力，我们生命力便不能摄及。所以物质在我们生命力之外，限制住我们之生命力。

慎思：但将来的物质之力尚未发出，将来的物质之力，同我们将来之身体一样，尚未存在于此时此地，不能有限制的作用。当将来物质发出力，成为我之环境中力时，我们将来之身体，也有力与之反应，生命力亦同时表现于其间，生命力也不曾受限制。纵然你说将来之物质之本体，现在已存在，但他尚未发出将来之力，也不能对我们有限制的作用。

常识：那我们应当说一生物之生命力，无论如何都与为其环境之物质宇宙之力同样广大。

慎思：正是。所以我们不能说表现于一生物体中之生命力是有限的生命力。我们应当相信生物之生命力，表现流通于其身体与为其环境之物质宇宙，涵盖为其环境之物质宇宙之全境。

第二节　辨生命活动之目的非身体之保存

常识：我承认每一生物之生命力都涵盖为其环境之物质宇宙全境。但每一生物涵盖物质宇宙全境，只为的求其身体之生存，只为保存其一些身体中极少之物质。岂不是生物只为此极少之物质之保存而存在？

慎思：生物之存在，不是为一定的极少数之物质之保存，因为生物之活动有发展。生物之发展，有生理上之改变，因而有新物质之增加，与新旧物质成分之递换。

常识：你前不是说生物之发展是为求达到生存之目的吗？那么生物之发展，不过求生存之手段。我们可以说，生物之目的，本只是求其身体中原来之物质之保存，不过因为要保存原来之物质，于是不得不在环境中发展他自己，求适应环境，而改变其生理，或往取新物质来供他之用而已。

慎思：但我们以前的话，亦只是一方便。我们前说生物之活动以生存为目的，只是拿来对抗你对生物之纯物质的因果说明。我们说生物之发展是为生存；这话尚必须加以修正补充。我们现在当说生物之生存，亦即为该生物之发展。或者说生物之发展，即为发展该生物之生存。这样，依我们看起来，所谓生物之生存，只是表现生命性的动，生物之发展，亦只是表现生命性的动。所以生命活动之本质，即是表现生命性的动。生命活动是为其自身而存在。

常识：你的话都是重复语，我不懂你的意思。我先请问我们说生物的生命活动之目的，在求其身体之保存有何不对？我们随处都可找着证明，生物之生命活动是在寻找于他身体有利的，而避免对于他身体有害的。

慎思：如果生物之生命活动是为身体中物质而存在，身体中之物质是为什么而存在？

常识：身体中物质为他自己而存在，身体中物质之继续存在，即使生物超出时间之变化，而在时间中成为恒常者。生命自己之超物质性、超空间性，即显露。此生命自性又即显露于物质空间，而完成了生命表现于物质空间中之意义。

慎思：你试去看看你身体中之物质，是不是为他自己而存在。你的身体中之物质，即在你之诸器官。每一器官，都自有一用处。肺的呼吸为取氧气入血管。胃为了消化食物。血管与胃为了运输氧气与消化食物养筋肉骨骼。筋肉骨骼，为保护你其他器官。感官为了传递感觉至神经，神经又能控制全身的运动，而指挥你的筋肉骨骼去保护其他器官。你的身体中每一器官之物质，都不是为他自己而存在。

常识：那么身体中之物质是互为其他而存在。他们之互为其他而存在，因为他们各自为自己而存在。

慎思：假如身体之物质是互为其他而存在，便不能说是各自为他自己而存在。因为他们自己只是发生一种活动，而这活动之目的，则为其他。那么他们便都莫有为自己之目的。我们看不出他们为自己的地方。

常识：我们可以说，他们各自赖"其他之为他"而达到"各自为自己"的目的，他们是互相利用。

慎思：我们一定要先见他们有各自之为自己之行为，然后我们可以说，他们之各为其他都是为达到为他自己的目的。如果我们只见他们各自为他，我们便不能断定他们之为他，是为达为自己的目的，而互相利用。犹如我们只见一些人，都是能各各自动的为他人而牺牲，我们便不能说他们之合作，是存心在互相利用。纵然他们互相帮助的结果，使他们各人都得利；但是我们看他们所得之利，决不自己保留，而马上就转输与他人，我们便不能说他们有丝毫抱利己主义的心。虽然你可从他们之互相得利之现象来说，他们之表现一永远为他牺牲之精神，由于他们在实际上正赖此以达到他之利己，他们是不自觉的利己主义者。那么，我们又何尝不可以从他们之决不保留其所得之利之现象来说：他们之收得他人之利，只是为莫有法谢却他人之厚意，他们都是绝对的利他主义者呢。所以我们莫有理由说，身体中任何物质是为他自己而存在。

常识：但是整个的身体可以是为他自己而存在。

慎思：整个的身体，如何为他自己而存在？

常识：整个的身体在取得食物、消化食物，并避免妨害之环境，或与之斗争，便见其只是为求他自己之存在。

慎思：取得食物、消化食物、避免妨害后，所得的是什么？

常识：就是他自己身体之存在了。

慎思：他的身体又是什么？

常识：是他的各种取得食物、消化食物之器官，避免妨害之器官。

慎思：他的器官是为什么？

常识：是为的发出各种取得食物、消化食物、避免妨害之活动。

慎思：你的话是绕一个圈。你说为身体保存而有某些活动，而所保存的身体，只是用来作某些活动的。那我可以说你是为身体保存而有吃饭等活动，而吃饭等活动又只是为的保存吃饭等之器官来作吃饭等事。你是为永远吃饭而吃饭，你吃饭的目的在哪里？你的身体何尝为他自己而存在？说你的身体为他自己而存在，与说为永远吃饭而存在有何不同？你细细想想：你所谓你的身体为他自己而存在，同为永远吃饭而存在有何分别？

常识：那么为什么一切生物之活动，都是在努力保存其身体，避免害及身体之物？

慎思：生物之所以努力保存其身体，只为有身体而后有生命活动表现，因为身体是生命活动要表现之所凭依。生命活动要表现于身体及环境间，所以必须有身体之存在。

常识：那么所谓生命性之活动之内容是什么？

慎思：生命性活动之内容，是生命通过身体，运用身体中的物质之力，而使身体之物质之力发出来，贯注到环境中物质之力，而表现一种相互融合和谐关系。

常识：你的话过于抽象，我请问生物何以要去取食物？

慎思：取食物是为的积蓄一些物质于身体中，化为身体中之物质，而后生命可以转化此物质之力，以发出其活动。

常识：如果生命之活动只为其自身，其所以要身体，只为取身体中物质之力来活动；那么，我们身体只要活动就行了，何以身体之活动，身体中物质之力之发出不是乱的、任意的，而总要维护着我们之身体之存在？我们由身体活动之总要维护着我们之身体，便可见身体保存，是我们之目的。

慎思：我们说生命活动为其自身，即是说生命为其自身之长久活动而活动。他要求其自身之长久活动，所以他不能不继续的取食物，而化之为身体中之物质。他不能不使他有长久活动之资源。所以他一方向前活动，一方即照顾他的身体。他必须使他发出新活动，与他的身体之存在相谐和。他的身体本身也有"他一串活动的习惯形式"，那一串活动之形式亦即是"生命自己之一串活动之形式"。所以他在向前活动时，他总是使他的新活动，不致妨害他"身体本身一向有的一串活动之形式"，而去排除"足以破坏身体之一串活动形式"者。这就是生命每一段时间之活动，总表现有维护其身体之作用之故。

常识：假如我们承认生命之新活动，都有维护其身体存在之用；何不说生命之目的，即只为维护身体之存在？我们可不说维护身体之一定的物质是生命目的，我们可说维护身体之一定的习惯的一串活动之形式，是生命之目的。

慎思：我们仍不能这样说。因为新活动之必须有维护身体存在之用，不能证明此新活动只是为维护身体存在而有。这只是证明新活动之必须与身体之存在相谐和。而且新活动维护身体之存在，既不外维护身体的一串活动之形式，则此新活动，即是为使身体能依照其习惯的活动之形式而继续活动——以有将来其他之新活动。他维护身体，是为使身体将来能继续的活动；即是为使生命自身之活动能继续的表现。所以我们仍当说，他为他自己之活动而活动，不当说他之活动，以身体之保存为目的。

常识：你说生命之活动之所以要保存其身体取食物，都是为的他自身之长久活动。那么生命之保存身体取食物之活动，都是他用的手段；生命的活动本身应当在此手段之外了。

慎思：照我们说起来，生命之活动，并不在其保存身体取食物之活动之外。因为保存身体取食物，也是生命之活动。"预备生命活动之资源"，"保存一种将来可继续活动之身体活动之形式"，本身即是生命之活动。照我们说来，生命之活动即以生命之活动为手段，而开启更多之生命之活动。他以他自身为手段，以他自身之发展为目的。所以他莫有其他的手段，莫有其他的目的。他的目的，即为使他更具生命性的活动。

常识：那我们直可说我们吃饭是以吃饭为手段，而达到吃更多的饭为目的了。

慎思：那虽是一笑话，然而若果人只是一单纯的生物，而生物的活动全体只有吃时，我们是可以这样说的。但是我们尚须略加以修改。我们当说以吃饭为手段，而达更多的吃的活动之目的。因吃的意义在吃，而不在饭。不过我们不能说，人只是一单纯的生物，而生物活动之全体，在我们看来，不能用吃字来代表。

常识：自纯粹生物之观点，我看不出除了以吃保存身体、御害与传种以外，还有什么。御害只是不要使他物害及"他吃的食物所养成之身体"，传种不过使食物所养成之身体能重复几个，生出子孙来也只是为继续吃。生命的主要事务只是吃。以各种吃的方法之不同，吃的食物之不同，于是成千差万别的生物。我请你说生命之活动除了吃，及其所统率之事外还有什么？若果生命之主要事务可以吃来代表，那生命之活动仍不过为保存身体。只是我们不说保存身体是为的身体本身，而是为继续吃而已。我想我们的问题说来说去，总要说到可笑的地方去。你要把生命的意义神圣化，总是很困难的。

慎思：吃之观念之所以可笑，正因为吃使我们联想到食物。但是我们真了解吃只是生命的活动，我们只从其为生命的活动一方面去看吃；那么纵然生物的活动只有吃，我们既把吃之意义中所包含之食物之意义去掉，那吃之一名，即同于生命的活动之名。我们当不说吃是生物之本质，而当说生命的活动为生物之本质了。

常识：但是我们想到吃时，我们很难不想到食物；想到食物时，很难不想到食物是为的身体的保存。我现在尚不能破除生物一切活动为其身体保存之说，除非你能指出吃及吃所统率的活动以外有生命活动，不为身体保存之生命活动。

慎思：如生物之纯粹感觉之活动，对外界注意之活动，及一些自然的机械反射运动，自发的游戏活动，都不是吃的活动。除你所谓吃的活动统率之避害的活动以外，都不是直接为身体保存之活动。

常识：我们可以说这些活动，表面固不是为身体保存——然而这些活动，间接的都是为身体的保存。这些活动都与身体保存有关。生物在感觉注意外物后，马上认识其与己之利害关系，而生避害趋利之动作。生物之自然反射运动，是求身体与外物之平衡，而身体可安稳的存在。生物之游戏，是排除其过剩精力，而使生物之身体能有内部之舒泰，而身体能和畅的存在。所以这些活动都与身体保存有关。

慎思：但是就这些活动本身来说，你不能说：他之所以发生，是为身体保存，是隶属于保存身体之目的的。

常识：为什么不能？

慎思：因为你所见的，只是这些活动，都有身体保存之效用。我们是先认识这些活动本身，而后了解其身体保存之效用。我们是于这些活动中，发现其身体保存之用。我们可以假设这些活动之发出，并非为身体保存，只是他表现有保存身体之用而已。我们不能说这些活动是为身体保存而有。因为我们不能从身体保存一观念，即推出其必有如此活动。

常识：但是何以一生物之一切活动，都表现保存身体之性质？一生物之继续的活动，恒即一继续去保存其以前所成身体之历程。所以我们可以说：其所以要继续的活动，由于其有一潜伏的身体保存之目的，在求实现。

慎思：我们可以比喻：生命之活动之所以总是表现保存其以前所成身体之性质，如抛石于水中所成之圈，以后生的圈，总套在以前之圈上，好似在保存以前之圈。然而每一圈之所以生，只是水波在向外荡。你并不能说一水波之所以生，只为保存以前之圈。然而你若只自新水圈套在旧水圈上，逆起来看，你就会以新水圈只是为保护旧水圈而有。因为你只自每一生命活动都与身体存在有关处看，于是以为生命一切活动，都是为保存身体而有。你要知你的身体，只是生命活动凝固成之形式。你只从生命活动之凝固成之形式方面看，所以你把向前的生命活动，误视作只为保存其过去所凝固成之形式之身体而有。你的看法是颠倒了。

常识：我们可以说水之波之所以向外荡，继续的成圈，由于石在中心发出一力，要继续的向水面四方贯注，以维持他自己。我们可以自中心分向四方之力，比喻生物求身体保存之冲动。

慎思：你不能如此比喻。因为这力是逐渐发展的，是向前的。他不只是维持他自己，而是开拓他自己。假如你说这力是借开拓他自己来维持他自己，以比喻生物借向前之生命活动，以达保存他自己身体之目的，你的话仍然错了。因为你所见只是这力，在其开拓历程中，维持他自己，在生命活动中达保存身体之目的，便不能说为保存身体而有此生命活动。照我看起来，你以生命活动之目的在保存身体，犯一种"以抽象为具体之根本"，"不以内在之可能，而以已成之现实，为新现实之根本"的错误。你由生命活动中表现身体保存之性质，遂以后者为前者之目的，犹如你以物质保存为物质运动之目的，一样的不对。

第三节　辨生物之进化不能以身体保存之观念说明

常识：但是我们看生命之一切活动，既都与其身体之保存有关系；我们便可以从其与身体之保存有关处，说明一切生命活动何以产生。

慎思：你以身体保存之观念，说明生命之活动，至多，只是以一特定身体状态之保存，说明特定生命活动何以产生。你不能以身体保存之观念，普泛的说明生物之活动形式，何以有多种，生物之身体形态，何以有多种，生物何以有进化，何以有由低级生物到高级生物的进化。

常识：我们说，生物之活动形式何以有多种等，皆只是由于达到生存（即存在）的目的之方法之不同。我们可以以同一的目的去说明之的。

慎思：但是我们的问题正在何以各种生物由有此达生存之目的之方法不同，而有其生命活动形式本身之不同。这不同处，明不能只以同一的达生存之目的去说明。若果一切生物都只为求纯粹的生存，则生物是不必有进化。因低级生物与高级生物同样能够生存。且低级生物，可生存得更久，更容易。高级生物之寿命有时反较低级生物短，而更难生存，因其赖以生存的条件更多。

常识：我们可说生物之有进化，是为要求更丰富的生存。

慎思：若生物之目的只在求生存，则生存丰富与否，与各种生物有何关系？生物求生存又必进化而求丰富的生存，那就不能说生物之进化，只是为求生存了。

常识：我们可说生物之有进化，只是自然淘汰之结果。最初只是有偶然的变异，因其与环境有适合与否，经自然淘汰之结果，于是留下现在许多生物。

慎思：你不能引用自然淘汰之说。依自然淘汰之说，可说生物之有变异是偶然。但是你不能。因为我们都承认生物形态之变异，即表示一生命活动之新形式。你以生物之求生存，说明生物一切之活动，即须以求生存之目的，说明形态何以变异。你必须贯彻你目的论的说明。你不能说生物形态之变异是偶然的，而采取机械论的说明。

常识：我们可说原始生命求生存之目的本是同一。只以其所遇环境之不同，于是被形成为各种不同之形态之生物。如水本是同要达一向下流之目的，以所遇地理环境之不同，于是形成各种湖沼江河之水。

慎思：你仍是采取了机械的说明。因为照我们以前的讨论，我们同时共认生命之每一活动之形式，都是其本身所具。我们共认生物身体之发育成之形态，是生命力自身活动于环境与生殖细胞间的结果，而非只是环境所形成。所以你要以求生存之目的论的说明，来说明生物之活动，便须以求生存一观念，来说明进化历程中各种生物形态之不同。

常识：那么你如何说明生物之各种形态之不同，与生物之进化？

慎思：我们根本不以为生命之活动是只为求生存，不以生命之活动只求达单纯的生存目的。我们以为生命之活动，即是表现生命性的活动。生命活动的目的即在其自身，即在使其自身表现出便是生命性的活动。所以我们亦可说生命之活动以其自身为手段，以扩展出更多之生命活动。我们以为生命活动之所以有不同形态，即以生命之活动本内在有不同的形式，不必另外说明。

常识：那么怎样说明进化？

慎思：若果——进化论是真的，而要问低级生物何以会进化出高级生物，我们亦只有说低级生命之活动本内在有高级生命活动之形式。若问何以进化之历程，先有低级生物表现，后乃有高级生物表现，则我们认为此由于生命活动之表现于所谓物质世界，乃前后相承，随时间之进展而表现得更多更充实。我们以为高级生物之所以为高级生物，即在其有更多更充实之生命性的活动。

第四节　辨生命性的活动之意义

常识：究竟什么是生命性的活动？

慎思：生命性活动，即生命通过身体，运用身体中之物质力量，使身体中之物质力量发出来，贯注到环境中之物质之力，而表现一种融合和谐关系。愈高级之生物，所以为高级，只因为他善于运用其身体之力，贯注到环境中去。他把他身体中之力贯注到环境中去时，即与环境之物质之力有一种融合渗透，即表现一种和谐。生物不动则已，一动则发一种力，即与环境中之物质之力融合渗透而表现一种和谐。此和谐之所在，即生命力之所在。所以我们说愈高级的生物，即是愈能耗费其身体中物质之力之生物。但是他愈要耗费物质力量，所以愈须积蓄物质力量。而愈高级生物，取食物愈多，消化食物之力量愈强，营养器官愈完善。

其次他愈要耗费许多力量，以达到所表现力量与环境中物质之力之和谐，所以他愈善于组织力量，支配"力量之运输"，因而神经系统愈发达；愈须知道力量向何方用，所以感觉器官发达。这各种器官，都是为生命力有物质力量可运用；由运用得适宜，以表现其自身而存在。然这些器官本身及其活动，又即生命力本身运用物质力量所凝成之一种产物，或生命力之一种表现。所以生命力是以其自身之产物、自身之表现为根据，而运用物质力量，以表现其自身。生命之保护其身体，即保护其自身之产物，保护其在物质世界之一种表现；而使其自身在物质世界，可进而有其他之一种表现。生物之形态之进化历程，即生命在物质世界之继续表现"更多更充实之生命形式，于世代之生物"之历程，亦即宇宙逐渐表现更丰富之"生物与环境之和谐关系"之历程。

常识：你所谓生命性活动，所表现生物与环境之和谐关系，是否只是使生物身体之力与环境中物质之力和谐渗透而已，或还包含其他？

慎思：我所谓生命性活动，是生物使身体中之力与环境中物质之力融合渗透，表现和谐关系；同时即使其自身之前后之动，互相和谐，互相渗透。

常识：这是什么意思？

慎思：因为每一生命之活动，都是一方表现其自身，一方引出其他生命之活动，再一方欲继续其自身于后起生命之活动中。所以一新生之生命活动，必不能与以前之生命之活动冲突，而须相和谐。又以旧生命活动，欲继续其自身之故，所以新生之生命活动，常为旧生命活动所渗透，成为旧生命活动之继续表现之所。

常识：生命活动之引出其他一生命活动及继续其自身，所表现的是什么意义？

慎思：生命活动之引出其他一生命活动，表现生命之变化性；欲继续其自身，表现生命之恒常性。

常识：以你这种说法来解释生物之各种取食物、逃避患害及感觉之活动，当如何解释？

慎思：我们说生物取食物的活动，就其本身言，为一新生命活动。但此活动又可以说，是为积蓄一种物质力量，使将来有新生命活动而有。这是一种为准备引起其他新生命活动而有之生命活动。逃避患害本身为一新生命活动，但此活动又可以说，是保护我们身体中一些旧活动之可照常而继续表现。这是以新生命活动维持旧生命活动之继续表现。感觉本身是一种新生命活动，但是当感觉时，生物亦可感知所感觉之物对之有利或害，于是可再引出一趋利避害之活动，而逃避此感觉所对，或注视此感觉所对，而求取得之。此中所谓感其为利为害，不外是生物感此"感觉所对"，对其他生命活动有顺或违之关系。故此逃避、注视，而去之或取之活动，又不外由感觉与其他活动相渗透所开启之新活动。此逃避或注视、去取之活动之结果，趋利避害之结果，又必另外开启其他之生命活动。所以生命活动之目的，是永求表现更多更丰富之生命性活动。

常识：以你这种解释来看，则生物之形态之进化，一方是使生命在物质世界之表现更多更丰富之生命形式，同时亦即使表现于物质世界之生物自身之生命内容更充实了。

慎思：正是如此。

第五节　辨生命之自身无所谓死

常识：依你上所言，我们应当说生物是继续要求其表现于物质世界的生命内容，变为更充实的；那么物质世界之生物如果不死，岂不更能满足此要求。何以生物要死？

慎思：照我们的看法，物质与生命，本是相连结为一世界之两头。物质之动，向一方向；生命之动，又向一方向。所以生命之表现于物质世界所成之身体，因其自身是物质，不免受其环境中物质之力之影响，而向横的方向动，因而逐渐表现与向上的生命力相反之趋向。身体中物质之惰性，强到某一阶段，不能为生命力表现之工具时，生命便离开物质世界，而复归于其自身了。

常识：生命之离开物质世界，不是足以证明生命之不能控制物质，物质之力限制了生命力吗？

慎思：在一生命存在的时候，此生命一直是有控制物质力量，他的力量遍于他的身体与环境间。在一生命不存在的时候，身体中之物质已不是他之物质，环境中之物质亦可谓与他无关。

所以生命力不曾受物质力之限制。

常识：但是我们知道人一天一天的老衰或疾病，即一天一天的感身体中物质惰性之重。这不是人明明感到物质力量之限制身体，若有一物质力量在生命之下拖着生命吗？

慎思：这仍不足以证明在生命存在时，有物质力量绝对在身体之外。因为当人生命存在时，人所感之物质力量之惰性有多大，即反证生命向上之力有多大。由我们提一东西有多重，即证明我们提时之气力有多大。

常识：但是我在提一东西时，总有"一东西在限制我"之感觉，觉此东西在外。

慎思：你觉得东西限制你，正因为你在提东西，你是同时加一种力量来阻止东西之下堕。你之力与东西之力在互相限制，你不能只说他限制你。你觉他在外，只是因你在收他入内。

常识：但是我可觉我提不起了，觉得他在使我放下。

慎思：你觉得他在使你放下，只因为你在想提高一点或提久一点。假如你已全无此想念，你不会觉他在使你放下。你感到他的力量的时候，永远是你的力量同他的力量不离的时候、你的力量贯彻于他的力量的时候。

常识：我的力量既贯彻于他，何以不能战胜他？

慎思：那只是力之方向不同。

常识：方向不同，便可说是二力，不是不离之力。

慎思：但是在此二种方向之力相交相彻时，即是不离之力。

常识：然而二种方向之力，总是逐渐在分离。

慎思：当分离时，你不感到东西之重量。你便亦不感他的力量之限制你了。

常识：当我们提不起东西放下，证明我们气力之不及东西下堕之力。我们应当由生物之由衰老疾病而死，证明生命力之不及物质之力，所以控制不住身体。

慎思：但是当我们把东西放下时，我们的手也轻松了。我的气力并莫有丧失，而回归于我们自身了。我们用过的气力，已在提东西时表现了，而提东西的经验，仍保存于我之生命史中，即生命存在之进向中。所以当我们死时，我们并莫有损失。我们是带着更丰富之生命经验，回归于生命世界自身了。

常识：怎么知道不是我们生命死了？

慎思：你怎么知道他死？

常识：因为他不复存在了。

慎思：他不复存在，只是不复存在于物质世界，他只是不表现于物质世界。我们早已确立生命与物质的不同、生命世界之存在。他不存在于物质世界，不等于全不存在。

常识：他不存在于物质世界时，他依何历程以复归于生命世界？

慎思：他离开他所存在的物质世界，立即归于生命世界。犹如我们在河中以手握水，手取出，水即归于河中，而且此水是带着双手取出时，加于所握之水之力，归于河中。因为你握水时，你并未将水取出。生命之表现于物质，只为物质可以供他之表现，他便表现于中。物质毁坏时，他不复表现于物质，即归到其自身。

常识：或许生命自身消灭了。我们明见生物愈衰老、生命力愈衰弱。我们即可以推知其衰弱至零点，则生命自身消灭。

慎思：何谓生命力之衰弱？

常识：支配物质力之减退，谓之生命力衰弱。

慎思：何以知道老年之衰弱，不是由老年人身中物质惰性之增强，即物质之僵固化，而非其生命力本身之衰弱？

常识：其物质之僵固化，即表示其生命力之衰弱。

慎思：物质之僵固化，表示生命力之衰弱，你是自表现出的生命力说。我们现在的问题，是生命力自身。自生命力表现之处说，你见到生命力衰弱之处，即有物质之僵固化。此二者是同时有的。你不能说生命力之衰弱是因、物质之僵固化是果。你亦可说物质之僵固化是因，表现生命力衰弱是果。那么我们也可说老年人表现的生命力之衰弱，只因为其物质僵固化，不能表现其更多的生命力了。所以从你的话，不能推出生命力自身可由衰弱至于零。

常识：我们提不起东西，把东西放下，可表示我们之力量已用尽。所以老年人渐不能支配其身体，表示其生命力已用尽。

慎思：我们提不起东西，把东西放下，也许表示我们对于这东西的力量用尽，但并不一定表示我们本身力量之用尽。所以我们把东西刚放下，我们的力量便又慢慢恢复了。而且我们下次提东西的气力，又增加了。用尽的，只是表现于提这东西的力量。

常识：假如我们本来是提得起东西的，突然提不起，便可证明我们自己身体有病，是我们自己力量弱了。我们在少年，本来是能够支配身体的，老年忽然不能，可知我们生命力本身衰弱了。

慎思：我们本来提得起东西，突然提不起，也许是身体有病，也许是貌似一样的东西内部的重量已增加。我们老年支配物质能力之减退，也许是身体的僵固化，身体中物质的惰性增加了。

常识：我尚不能体会你所谓身体中物质之惰性的意义。

慎思：我所谓身体中物质之惰性，即身体中之物质向环境中之物质反应，而顺物质的空间之进向以表现其力量的意义。物质的空间是横的，而生命向上活动之空间是纵的。所以身体中之物质愈顺物质空间之进向而反应，则身体中之物质横的运动之形式，逐渐增多，而渐与纯物质世界之物质之运动形式合一。于是身体之物质之运动，沉入纯物质世界之物质运动，化为纯物质世界之运动，于是不复能表现生命性的动。

常识：但是你将如何使我们更简单的了解：我们表面看起来，生命力减，而其实际只是他暂不表现于物质世界？

慎思：我们以前已经说过：生命之活动在比物质世界更高之一度之空间进向。我们可以想象到生命之表现其自身于物质世界，如一圆球在平面上滚，当他突然离开平面，我们只自平面之物质空间看，便以为他消灭了。

常识：但照你以前所说，生命活动即表现于身体之物质之力与环境物质之力之互相贯注之间，那么身体之物质之力与生命力之表现，是不相离。照你刚才所说，则似乎是生命力是自外来凭借身体之物质以表现他自己。及后来身体之物质，不堪供其表现，于是又离开。你似乎是以生命力在身体物质之力之外。在身体物质之力之外之生命力，是什么东西？照你以前的话，力自外看即一种形式的转变。自外看生命力之表现，即身体反应环境时各种生命活动之形式之转变。此转变出之形式，从一方面看，亦即身体的物质与环境的物质之形式，所以生命活动之形式即包含物质活动之形式。如果照你今所说，有在身体物质之外之生命力，则即有离开一切"物质活动之形式"之生命力，此如何能存在？

慎思：我所谓身体中之物质渐渐纯物质活动化，不堪供生命力之表现，于是生命力即离开身体中之物质云者；严格说起来，并不是说可供生命力表现之"身体中之物质"，后来即化为"不堪供生命力表现之物质"；而应当说是两种物质。因为严格说起来，不同物质活动形式的物质，即是不同的物质。所谓物质，只是用以说明物质活动之所自发的名词。我们只能以物质活动来界定物质。所以不同物质活动的形式，即代表不同的物质。因此我们说身体中之物质纯物质化，即另外一种表现纯物质形式之物质活动之物质，逐渐代替了原来身体中之物质。原来"表现生命力之身体中之物质"，隶属于生命力。生命力不表现于物质世界，而回到其自身时，是携带了原来身体之"物质形式"的活动（即原来之物质活动），一齐离开以后之物质世界。所以所谓生物死时，生命力离开其身体中之物质活动，其实并非离开其身体中之物质活动。他只是离开以后之"代替其原来身体中之物质活动"之"另一时间之物质世界之物质活动"。所以生命力之离开物质世界，并不是只成为一空洞的生命力，以归到其自身，而是包含其丰富生命活动的形式（其中即包括物质活动的形式），以归到其自身，以成一更丰富之生命。这希望读者细心体会。

常识：假如这样说，那么你说身体中之物质，因向纯物质世界之空间之横的进向反应，而逐渐增加惰性；亦不当说是一种物质在增加惰性，而当说，因"纯物质世界之物质活动，有继续开启其他物质活动"，以代替非纯物质活动的趋向了。

慎思：正是。

常识：那么物质世界只是一物质活动之迁流，亦即物质自身之互相代谢。于是我们当说：真正存在的物，只有在现在表现活动的物质。我们可以说在过去表现活动的物质是消灭了，因为他已不表现活动了。假若真如此，则过去的生命活动，也可以说消灭了。因过去的生命活动，只表现于过去的身体中之物质，及环境中之物质间。而他们都消灭了，如何可说生物死了以后，其已过去的生命活动，还属于生命自身，以回到生命世界？

慎思：照我们看起来，真正存在的，不只是通常所谓现在的现实，而包含通常所谓过去的现实，与未来的可能。现在由过去而来，现在是要逐渐去实现将来。纯粹的现在实未尝存在。通常所谓现实，乃过去现实与未来可能之化为现实的桥梁。依此义，纯粹的现实只有当前一刹那之现象，而此现象才生即灭。我们不能真认识他。我们所认为的现实，都是包含过去的现实，而同时意指着将来的。所以我们所谓真正的存在、真正的现实，不能限于所谓纯粹的现在的现实。我们当扩大我们所谓存在或真现实的意义，以包含一切当前现实所自来及当前现实所归往。于物质世界，人都承认过去虽消灭，其作用即在现在；现在虽消灭，其作用则在将来。过去的物质虽消灭，然而现在的物质中之活动，即可说为过去物质活动所转化而成。所以有所谓物质能力不灭之现象。依同理，生命的活动虽似乎消灭了，然而他会转化为其他将来之生命活动。犹如我们远远看见一人在绕山走，渐渐看不见，这只因为他转了弯，暂向另一进向走去，如果我们只以山之横面为唯一真实，我们会以为他已死了。

常识：你的答覆都很好。但是我总觉此方面还有许多问题，不能解答。然而我一时又说不出，我们以后再谈吧。

慎思：哲学问题本是无穷尽的，答案亦是一层深一层的。我们当然不能一时把所有问题谈完，我们以后有机会，再谈此问题。此处不能再论下去了。

第四章
人心在自然的地位（上）

第一节　辨心之存在

常识：两次同你谈话，使我破除了唯物论的偏见，知道物质与生命同样真实；而且知道生物的目的，并不只在求单纯的存在，而在求生命活动之扩展。但是我仍不能信你平时所说的心是什么，尤其不了解你所谓心是不受限制，能主宰我们全部生活，能自己决定；为宇宙中心，能主宰宇宙的说法。我很怀疑：也许宇宙间，根本莫有"心"这个东西。我有时很赞同今之行为派心理学家的意见：心、意识之观念，只是原始时代人之精灵观念的遗留。原始人最不解，何以梦中我们身体明明未动，又似到远方去，于是以为我们的身体中，有一小体，在夜间出去了。这样慢慢演变成精灵观念。由精灵观念而成灵魂观念，而成心、意识观念。所以心、意识之观念，很可能只是一原始迷信之遗留，将逐渐排在科学以外，一切的知识领域以外，犹如"精灵"之观念一般。因为他们同是一虚妄的观念，空洞的名词，他们同是不代表任何实在的东西。

慎思：世界上只有混淆的观念名词、用错的观念名词，绝对无不代表任何实在的观念名词，你从心、意识之观念自原始时代人们之小体观念演变来，于是说，他们都是同样虚妄空洞之观念名词。然照我们看来，却认为心、意识之名词观念，既然有了，则必代表一种实在。而且我认为，即原始人所谓"小体"之观念，亦不是虚妄空洞无所代表。小体之观念，最初是拿来解释人之作梦等。这正因为人之作梦等的活动，表示了人的一种异乎寻常的能力。原始人于是以小体之观念，解释此异乎寻常的能力。这种能力，即此观念所代表之实在。这种能力，即是我们现在所用的心、意识等名词，所代表的实在之一部。小体观念之所以错误，在我们看起来，并非由于误把不实在的心、意识之活动当作实在，乃由于其把心、意识之观念，与物质之观念混淆。以心、意识之活动，为一种物质身体之活动，于是成一小体的观念。后来精灵、灵魂等观念，所以亦逐渐为人所舍弃，亦正因这些观念中尚存有物质性质之故。直到我们用"心""意识"等观念名词时，我们才把物质性自精神性中分出，而专门以之代表心、意识之活动本身。

常识：你说心之观念名词，必代表一种实在的东西，但是他所代表的是什么东西？我们有各种所谓心理活动是不错的。如感觉、知觉、记忆、想象之类，我们是有的。但心之活动本身，我们从不曾经验过，究竟心之活动本身是什么？

慎思：心之活动本身即是"自觉"，你不能说你不曾经验过自觉，你莫有自觉的能力。因为你说你莫有自觉的能力，你已自觉"你莫有自觉的能力"，你已在自觉你自己了。

常识：你的自相矛盾之论证法，我很难反驳。但你不曾在你的反省中，反省出自觉一种能力。你试自己反省你自己。你只反省出你忽而见此色、忽而闻彼声，忽而记忆过去、忽而想象将来之各种心理活动。你并不曾反省出你的自觉能力，所以你不曾真经验自觉能力的存在。

慎思：你不能单独反省出你自觉能力之存在，是不错的。但这由于你自觉之能力，是渗贯于你一切心理活动之中，所以你不能单独反省出你自觉能力之存在。这不足证明自觉能力之不存在。犹如空间，遍在于一切物体中，所以你不能单独的感觉空间。然而我们虽不能单独感觉空间，我们可以自物体中感觉空间，或通过空间以感觉事物，而我们可由反省，而知有空间。同样你虽不能单独反省出自觉能力，但由一切心理活动中都可为你自觉。你可自你一切心理活动之为你所自觉，反省出你之有自觉能力。

第二节　辨自觉为心理活动之基础

常识：但是我们自物体中认识其所占之空间，空间可谓是附属于物体之形式或物体之架格；空间对于物体，并不能有任何作用。如果我们各种心理活动，在我们自觉中，亦如物体之在空间；则我们之自觉能力，岂不同空间一样，附属于我们之各种心理活动，而且同空间一样无作用的吗？假如心之活动本身，即自觉能力，那么，心之活动本身对于我们一切行为，还说得上有主宰的力量吗？

慎思：一切的比喻之应用，都有其限度。我们说：各种心理活动，都为我们之自觉能力所渗贯，这是表示我们的心之自觉能力，可普遍于各种特殊的心理活动。然而我们的意思，并不止于说我们之自觉能力，普遍于各种特殊心理活动。而且我们认为：一切纯粹的心理活动，都由我们自觉能力之运用而后有。我们之自觉能力之运用，是构成我们一切心理活动之基础。所以他对于我们一切特殊心理活动之构成，是有决定主宰的力量。

常识：你所谓纯粹的心理活动是什么意思？

慎思：我所谓纯粹的心理活动，是指通常所谓只有人才能有的心理活动。如感觉、知觉及苦乐等感情，及食色等本能，及其他所谓交替反应习惯动作，我们通常认为，人以外之其他生物也可有。我们很难说，阿米巴莫有感觉；犬马等莫有感觉和某一意义的知觉，及食色等本能。他们能有习惯动作，交替反应。（意译 Conditional Reflexion，即"转移对一刺激 A 之反应动作，成对与 A 常接连呈现之刺激 B"之反应动作。如每与食物与狗时，即摇铃，狗之流涎原为对食物之反应。然以后狗可闻铃即流涎，此即一反应之转移，或交替反应也。）他们都有所好恶，我们也很难说他们不知苦乐。但是我们通常不承认他们有心。我们通常只承认人类才有心，所以我们可不把人与非人所共有之感觉知觉苦乐感情本能等，当作纯粹的心理活动。除此人与非人所共有之感觉知觉等外之一切心理活动，便可算纯粹的心理活动。在我看来，一切纯粹的心理活动，都由我们有自觉能力而后有。我们的自觉能力是构成一切纯粹心理活动之基础。

常识：我很愿听你如何以自觉能力，作为说明一切心理活动所由构成的基础。

慎思：关于这个问题本来说起来太复杂，因为这须涉及人类心理之全领域。但是我们可以简单的说明几种最普遍的心理活动，如记忆、判断、想象、意志、同情等，都是待我们之能自觉而后有。我们为什么有记忆？我们都知道我们所记忆的是我们所曾经验的。但是曾经验的事早已过去，何以我们还能记忆？有人说这只因我们的生命顺着时间流行，为时间变化中之不变者，所以能将过去的经验内容保存；遇着相关的事物的刺激，便能使过去经验内容，在现在重现。这种说法只是以一种交替反应式的联想，说明记忆。这种说法，只能说明过去经验内容之外表的重现，不能说明真正的记忆。真正的记忆，譬如我们记得昨日游泰山的情形，在此时我不仅是重现我昨日在泰山上所见风景之印象于现在。而且我知道今日这些重现的印象，属今日之我的。其内容，则原是我昨天的印象之内容，或昨天的我之经验内容。又此昨天的我之经验内容，是我要去记忆的对象。记忆的活动出发自现在，重现的印象，亦在现在。但我知道：只是现在我在去记忆，我所要去记忆的对象，乃是在过去。因记忆是以过去我之经验内容为对象，所以记忆是一种现在我回溯过去我，亦即是现在我自觉过去我的活动。如果莫有自觉，则记忆即不可能。

常识：你说记忆是本于现在我自觉过去我，是不错的。但是在你未以自觉说明其他心理活动之所以可能以前，我希望你把现在我自觉过去我的意义，加以更明白的界定。

慎思：这正是我们所必须作的。我们说"现在我"自觉"过去我"，这里面含两层意义：一层是现在我与过去我之对待，二者不同，中有时间之间隔。一层是现在我与过去我虽不同，中间虽有时间之间隔，然而我们同时却知道过去的"我"即现在的"我"；过去我之经验内容，是现在我之经验内容。于是我们觉不同时的我之经验内容，是一致的、相贯通的、统一的。这种对待的我之经验内容之统一、间隔的我之经验内容之贯通、不同时的我之经验内容之一致之发现，即是记忆中之自觉之本质。

常识：那么，请你继续以自觉说明其他心理活动。

慎思：我们次要说明的是判断。所谓判断最简单的姑说是：判断那个是什么。如那个是山。当你有如是判断时，你必先经验当前所觉之"那个"，而后以你过去曾经验之山之内容，解释那个之内容，于是断定其是山。这时你正是发现前后不同时之经验内容，有其一致之点，而把你前后不同之经验内容，贯通起来、统一起来了。因为你有如是判断之能力，于是你能将不同时经验内容之一致之点，提抽出来构成概念。稍复杂的判断，如判断山是地面的突出物，则是认识山与地面的突出物之概念内容之一致之点，将此二概念，贯通起来。判断即推理之基础。由判断到其他判断，即有所谓推理。所以推理，本于诸判断间之有无一致之点或可贯通之处。发现经验间一致之处、贯通之处，本于自觉之能力。所以判断推理都由自觉而后可能。其次真正的想象，亦由自觉而后可能，因为你之想象活动，是要取材于你过去的经验内容而重加组织安排，以构成一想象的对象或意境。但是这对象意境必须是一整体，其中之各部必有一致之点贯通之处。这即证明想象活动之所以可能，本于你自觉的能力。其次你纯粹的意志活动，必集中于一理想观念。你集中于一理想观念以后，你的生活经验即统一于一理想观念之焦点之下而发展。你以后之生活经验，即为此理想观念之内容所贯通。其次你的超生物的自我保存本能以外之情感活动，如对人之同情，这必待你先能自觉你的情绪，而后能看见他人之表情，生出同情，这更人所共认。所以我们可以说一切纯粹心理活动，都本于我们之能自觉而后可能。

常识：你的话并不曾把一切心理活动一一细加分析，而以我们自觉之能力说明之。不过在这一点，我可以原谅你。因为我们莫有这样多的时间来讨论这专门的问题。但是我怀疑，你以同一的自觉能力来说明不同的心理活动的办法。我不了解同一的原因，如何能说明不同的果。

慎思：我看你的话是误解了我的意思，我的意思并不是在作因果的说明。我的意思在作基础的说明。我是说一切纯粹心理活动，都以自觉为基础，必待自觉而后可能。自觉为一切心理活动之本，不是说单纯的自觉能产生一切的心理活动。

常识：但我还有一问题，你在论记忆时，说自觉只是经验内容之统一者、贯通者。那么自觉活动，只当在已有之经验中活动，只能贯通已有之经验。只在已有经验中活动，其作用便不当超出已有经验外。然而判断推理想象等都涉及我们自己已有经验以外之事物对象、境界等等。这等等就其本身说，亦非过去经验本身所已有。意志之活动，乃开辟我未来之经验，同情是同情于他人之生命经验，都是超我们已有经验之活动的。自觉既是活动于我们已有经验中，如何能为超已有经验以外之活动之基础？

慎思：你的问题很好。我们就此可以引出我们对于自觉之本质另一面的说明。你要知道，我们在论记忆时，说自觉为过去现在经验之统一者贯通者，不特不涵蕴"自觉只在已有经验中活动"之意，而且同时即涵蕴"自觉能超过已有经验的范围而活动"之意。在记忆中，自觉活动似限于已有经验中。此乃由于在记忆活动完成后，我们同时即回顾到自觉活动之材料，都是我们已有之经验内容之故。自自觉活动之本质而论，他只是经验之统一者贯通者。而其所以能为经验之统一者贯通者，在另一面，即表示其能超越经验之限制之意。即以记忆而论，在记忆中我们在现在重现过去之印象，而又知此印象之内容是我过去之经验内容。这一方表示我之自觉力，能将过去现在经验贯通统一，一方即表示我之自觉力能超越我现在之生活经验，以回向过去；同时使过去我之经验内容，超越出其过去所隶属之经验系统，不复限制于过去我之经验系统范围中，而成我现在之经验内容，隶属于一现在我之经验系统。我们开始去作记忆活动后，我们所要记忆的印象内容乃重现。我们是先有记忆活动，而后有所记忆之印象内容之重现。所以在记忆中，我们的自觉力之最初表现，其功用乃在：使我们超越现在之生活经验，回向过去，并使过去经验内容，超越其所在之经验系统一面。在记忆中，我们的自觉力，必先表现此功用，而后过去的经验内容重现于现在。在过去的经验内容重现于现在以后，我们才发现：我们自觉力之贯通我们前后经验的功用一面。所以我们可以说自觉力之本质的功用，正是使我们超越经验之限制。至于其贯通统一作用，反可以说是其能使我们超越经验之限制之结果。

常识：那我就希望你就你所说自觉力本质的功用，正是超越我们经验之限制，来说明判断、推理、想象、意志、同情等心理活动之"各别不同的超越已有经验限制"之性质。

慎思：这正是我们应当补足的。我们说记忆只是记忆我个人过去已有的经验。当我们去记忆过去印象时，我们虽使过去的印象内容超越其所在之经验系统，而隶属于现在我之经验系统；但是他总是只限于我之经验系统。我所重现的印象内容，仍只是我的印象内容。然而在判断中，譬如我们判断一对象是山时，虽然亦可潜伏有重现"我们过去一些相同的印象或经验之内容"之活动；然而我们可说在此活动未完成时，我们马上便把我们过去之印象或经验内容，凑泊渗透到当前所感觉知觉之山之上。亦可说这时我是将过去之山之印象经验之内容，普遍化为一理，而应用至我的范围以外，而作为对当前所感觉知觉之山之意义的解释。所以这时我"过去的山之经验"之价值效用，不复限于应用在我的经验范围之内；而完全超越我的经验范围外，以表现于客观之山上去了。所以判断虽然与记忆，同表现统一贯通经验之用，然而其中自觉力活动方式，则截然不同。不过像这种判断之对象，到底还是当前的感觉知觉所得。而我们之推理，则常能推测我们不能自当前感觉知觉所得之物。如我隔墙见角知有牛，此是判断，亦一不自觉的推理。在此时我们是根据普遍化的"如是之角，必属于牛"之理，又知此角之为如是之角，才判断此角必属于一牛。我们应用此理以判断此角必属一牛时，此角所隶属之牛体，全在我们当下之感觉知觉之外，而我们此判断活动，则直接向此牛体施发，成此角必属此牛体之判断。所以在此含推理之判断活动中，我们之活动，更超出我已有之经验范围之外。但如见角推知牛，我们对牛之身，以后尚可说能感觉知觉。至于在更高的推理，如科学哲学上之推理，则所推知之理，可根本非感觉知觉之对象，且常为感觉知觉所无法完全加以证实者。故其超已有经验之范围者又更大。然而无论关于实际事物之推理或科学哲学之推理，其所得之新理必须与已经验之宇宙事物之理，和谐配合。如有不能和谐配合之处，吾人必疑二者之一为错误，或再求一新理为媒介，使不和谐配合者归于和谐配合。至在想象中构造一对象或意境，则此中虽亦可含有此对象或意境是如何之判断；然吾人可明觉此对象或意境，与吾人所已经验之世界，暂时不必和谐配合，而可有一距离。然吾人竟能安然忍耐之。且在此距离愈大时，我们愈感我们想象力之强。所以在想象之活动中，我们所运用者，虽是我们已有之经验之材料——此有赖于回忆记忆——但我们运用此材料之活动方向，则是有意的离我们所已经验之世界而飞驰。因此，在想象之活动中，我们自觉力之表现为超越我已有经验之范围者又更大。但无论判断、推理、想象，其中自觉力之活动方式虽不相同，然而他们有一相同之点，即他们都只能使我们得一新的知识，或新的意境。这些新的意境知识之构成，其材料总是原于旧的事物之经验。此种种活动都不能直接对实际世界有所改变或创造，来使我们得关于实际世界之新经验。而我们的意志活动则不然。在意志之活动中，我们以一理想观念支配我们之行为，欲改造我与环境之现实状态，以达于此理想观念所指示之一理想状态。此时我不是如在想象中，只想离开我们之经验之世界，在想象中幻出一事物之意境；而是要彻底超越我现在之状态，到一将来之状态。我是要否定我现在之生活经验，去求得另一生活经验。于是由意志而引出动作，改造现实以符于我理想之状态，得关于实际世界之新经验。但一切判断、推理、想象、意志等知意的活动，都可不待他人先有同类的活动而有。然而某种同情之活动，即必待他人先有某种情绪而有。在同情时，我们所能发的情绪，固亦不外本于我自己所先曾经验之情绪之重现或组合所成。然而当我们自觉我们心之情绪与他人作同样之振动时，我们确明觉我们自己的心之振动，是依伴着另一独立于我外之他人之心之振动，而这两种振动是相渗贯而不可分。所以同情不像意志之活动，只是本于我之想超越现在的我，化为将来的我。同情是本于我之能超越整个的我自己，而与他人之我成一体。由同情而使人不仅自觉我，而且自觉我在他人之中，他人在我之中；此即使我们能超越我之经验之全部，而视他人之经验，如我之经验，以扩大我之为我，使此更大之我中有更丰富之生活经验内容，有更丰富之贯通性、统一性之表现。

常识：纵然我们承认记忆、判断、推理、想象、意志、同情等纯粹心理活动，都本于我们之能自觉，以我们之自觉力为基础，这仍不过如物体之以不同的空间之架构、不同空间之形式组织，为基础。我们仍不能由此断定我们自觉力有何主宰的力量。

慎思：假如我们只是自各种心理活动之所由构成上，看其自觉力之基础，则你以空间之架构形式组织，比自觉力亦未尝不可。但是我们尚须自各种心理活动如何发展上看。假如你自各种心理活动如何发展上看，则在各种心理活动发展的历程中，他们便会表现对我们之行为人格之决定力量。他们之决定力量，即本于他们自身之构造。他们自身之构造成之基础是自觉力。所以他们之决定力量，即自觉之决定力量。自觉又是各种心理活动构造成之共同基础。所以自觉力即一切心理活动之中心力量。

常识：假如照你刚才所说，不过说明一切心理活动之力量，即是自觉之力量，因而一切心理活动皆由自觉为基础而构成。那么，除了心理活动之力量以外，亦别无自觉的力量。你的话只能证明自觉的力量是一切心理活动力量之中心，而不能证明他有主宰一切心理活动之力量。

慎思：你只要真承认自觉是一切心理活动之中心，我们即可进而说明一切心理活动，都为我们之自觉力所主宰。因为一切心理活动都以自觉力为中心，即一切心理活动，通过自觉的中心，便与其他心理活动交渗互贯，而有新心理活动之产生。新心理活动产生后，亦必通过自觉之中心，而后能开启以后更新的心理活动。所以我们对于我们心理活动一度更加自觉，我们对于我们自己及对于世界，必有新的了解，我们的情意之活动必有新方向。这是你可由自己反省而获得证明的。你的反省，明明证明给你看，由你的自觉，可以创造出你的新心理活动，而使你有新经验，使你人格之内容有所改变。这岂不是明明证明给你看，你的自觉对于你有主宰的力量？

第三节　辨心理活动与生物之自利本能

常识：我现在在想，在我们已承认心理活动之独立存在后，我是很难否认自觉在其中的中心力量主宰力量。而且因为一切心理活动都是可以自觉的，我们在自觉所摄的范围内，讨论自觉的力量，犹如在一国中讨论国王的权力，我们总易受一种蒙蔽，觉得自觉力量之大。我们现在要跳出可自觉的心理活动范围之外来看。我现在打算根本否认纯粹心理活动之独立存在。我认为一切所谓纯粹心理活动，都是附属于我们生理欲望或生物自利之本能。一切纯粹心理活动之知、情、意，在我看来，也许都不外求我们生理欲望、生物自利本能之满足。所以他们整个的附属于生理欲望、生物之自利本能，他们整个的受生理欲望、生物之自利本能所决定；他们整个的受生理欲望、生物的自利本能所主宰。

慎思：你这个险冒得太大。你能够证明我们心之由判断推理以求真理，由想象以求美，由同情而帮助他人牺牲自己以求善，都是为满足生理欲望、生物的自利本能吗？

常识：在人求真善美时，他们自然不觉他们是为满足其自己之生理欲望、生物的自利本能。但是我们追溯人类求真善美之起源，我们便知这一切求真善美之心理，都原于人之满足其生理欲望、生物的自利本能。人类求真，原于想了解自然，而控制自然，以改造其物质环境，使生存顺利。如天文学始于占星祈禳，几何学始于测土地。最早的科学的发明，总与我们实际生活有关。人类求美始于装饰，始于求爱，求爱是一种性的生活要求。人类帮助他人，最初是与他人互相利用。所以人类是团结最紧的民族，是敌人最凶猛的民族。真善美之要求，都原于生物之本能的自利，并不是原于心之自主的要求。

慎思：你的话很明显犯了极大的错误。你不能就一个东西外表看他的起源所自，断定他的本质是什么。你不能说荷花自污泥长出，说荷花之本质是污泥。你要断定荷花之本质是污泥，你必须先看只有污泥的地方，会不会长出荷花。你亦不能断定人类爱真善美，出自生物之本能的自利。你要断定人类之爱真善美出自于生物本能的自利，你要看只有生物之本能的自利处，会不会亦有真善美的要求。假如你要说有生物之本能的自利处，即有真善美的要求。那你将如何解释有同样或更强烈生存意志之人类外的各种生物，何以莫有由爱真而生的科学，爱美而生的艺术，爱善而生的道德。你说一切科学真理初起于实用、求美始于装饰、人类互相帮助原于互相利用的话，纵然是真的，也只证明人类爱真美善之活动，最初表现时，与人类之生物的本能要求互相混杂，如荷花是在泥土中慢慢生长出根来。而且你的话，在实际上也尚有不妥之处。譬如你说天文学始于占星祈禳，几何学始于测土地，并不能证明人类最初之观天象观地形，是出于要发明占星祈禳之术，测地以耕种之术。因为人首先要看了天象是如何，而后有占星祈禳之事；要看了地形是如何，而后有测土地之事。你不能说观天象地形本身是为实用。你只能说观天象地形是出于人类求知心，求对天象地形真相如何，加以纯粹的判断。你说求美始于装饰，装饰始于求爱，亦不妥。因为原始人必须先觉某种形式之装饰是美的，而后去装饰以求爱。他之觉某种形式之装饰是美之心，便非即求爱之心。同样人类在有意识的互相帮助以求互利时，人必已有互相之信赖。假使人是绝对自私，人如何肯信赖他人会报答我？所以即原始人之求实利求装饰之美，或互相利用之团结心理，都必待人先有爱真善美之心，而后可能。所以你不能反以此证明爱真善美之心原于生物本能的自利。

常识：但是你要注意，我们的一种行为其原始目的或真目的，常是我们所不自觉的。在我们意识中，明显的目的之外，尚有我们下意识中之潜伏的目的。我们明明是自私自利不肯帮助某人，但是我们偏去想某人不需我们的帮助，他已有能力帮助他自己。我们明明是想当英雄，而我们自觉是为国为民。我们常是不自觉的自欺。我们要断定我们的真目的在哪里，我们要看我们的行为归宿于何处。我们求真善美，那只是我们表面的目的。我们的真实目的，只是以各种真善美来满足我们极复杂的生物自利本能。因为我们明明看出人类历史上科学艺术道德的发展，是随着人类求生存的方式变。而不同阶级利益的人对真善美的标准之看法，正以他们各自之利害为衡。而且科学艺术道德愈发达，总是对于我们的生存愈有利。所以我们可以断定，在下意识中，人类之求真善美，实际上都不外求满足其生物自利之本能，为此本能所决定。

慎思：我们不自觉的自欺的时候，是有的。但是我们为什么会有自欺？有自欺的心理，即有不用自欺的心理。我们要以为国为民自欺，即是我们本有为国为民的心理。假如我们根本无为国为民的心理，决不会以为国为民的心理自欺。假如我们要以求真善美来掩饰我们本能的自私，即是我们本有求真善美的心理。假如我们唯一所有的，只是满足我们生物之本能，我们用不着以求真善美自欺。至于从人类历史上看出科学艺术道德之发展，随人类求生存之方式变；不同阶级利益的人对真善美标准的看法，常以他们各自之利害为衡，我们都暂不否认。然而这仍只能证明人类求真善美的心理，受人类求生存的心理之牵挂，不能证明人类求真善美之心理本来非真实。至于科学艺术道德之愈发达，则对于我们的生存愈有利，更不能证明科学艺术道德之发达，纯以增加生存之福利为目的。因为我们可以说这是科学艺术道德之附带效果。所以你的话莫有一句，可证明人类之求真善美，原于我们之生物自利的本能。

常识：但是我们可以说，生物之自利的本能，即生物要保存其生理平衡，发挥其生理机能之本能。我们可以承认，人类之求真善美时，别无下意识中自利目的。但是我们可以说，人类求知识、创造艺术、实践道德时，我们生理上必有一种相沿之冲动。我们身体脑髓，此时有一种不容已的运动，一定要表现为追求知识等活动。不然则我们生理之平衡丧失、生理之机能滞塞。所以我们之求真善美，实际上可以说不外要保存此生理之平衡，发挥此生理之机能，这仍不外一种生物之自利本能。

慎思：你说人心求真善美时，其生理上必有某种冲动，如不去求真善美，则生理上亦必有一种不安。这是我们可以承认的。但是你所证明的，只是心理与生理的活动间，有一种相应关系。这不能证明你心之求真善美，只是为的生理上平衡之保存，生理机能之发挥。因为即根据你的话，我们亦可反转来说：生理上平衡之所以必须如何而后可保存，生理机能必须如何去发挥，由于我们心灵先有求真善美的目的。而且如果"心之求真善美，只是为生理上平衡之保存生理机能之发挥"；而"生理之平衡之保存，生理机能之发挥，其基础在身体之存在"；则人便决不当有为求生理平衡之保存，生理机能之发挥，而自愿其身体之毁灭的情形。因若身体尚不存，则生理平衡之保存失其价值，生理机能之发挥，即失所依据也。然我们之心求真善美时，明明可为真善美之获得而牺牲生命，自愿毁灭其身体而不惜。这将如何去解释？我们如何能将人之求真善美，与生物之自利本能，等量齐观？

第五章
人心在自然的地位（下）

第一节　辨心理活动之超感觉经验

常识：我现在承认人之求真善美之心理活动，不是自生物之自利本能出发，他们是一种真实的存在。但是我不承认他们是能超越于生理活动之外。第一层是你似乎亦承认人之求真善美之心理活动，必有其相伴之生理活动，心理活动与生理活动，只互相平行或相依赖，他们似并列的存在，谁也不能超越谁。第二层是，心理活动无论怎样复杂，我们总可加以分析。我们纵不说他全是感觉经验所成，总是离不掉感觉经验。莫有感觉经验，则一切复杂的心理活动，根本不可能。自觉力也必须有感觉经验已预备好材料，才可开始其构造"复杂心理活动"的工作。他只能在自然所供给我们之感觉经验范围内活动；他不能越雷池一步。所以自觉力是被限制在我们的感觉经验以内。所谓他的超越感觉经验的力量，不过在自然所给与之感觉经验全体中，从这点跳到那点，翻来覆去，把感觉经验加以组织架构而已。因为他所统属的一切心理活动之端尖，始终只是感觉经验而已。我们的心之自觉力，只在感觉经验范围内活动。感觉经验依于生理变化而有，所以我们的心之自觉力，不能超越我们生理所划定之范围。

慎思：关于你的话之前一点，我缓一下再说。我先说你后一点的错误。你的后一点的错误，在只自心理活动之最低级的材料上看。所以你总觉心理之活动，跳不出感觉经验的范围。但是你为什么不自心理活动之本身看，从每一心理活动，都是感觉经验上之组织架构，而说每一心理活动都是超出感觉经验之范围的呢？你的错误在把感觉经验之范围视作箱子，故以为心之活动是限于此感觉经验之中。假如你把感觉经验范围，只视作地面之圆圈，那么你之心之活动便如在此圆圈上行动。自平行于地面之空间上看，而不只自上看下，他每一行动不都是超出你感觉经验之范围吗？你所判断推理之对象，不在你感觉经验之外吗？你推理所得之科学哲学之概念，不常是你感觉经验，所永不能一一完全证实的吗？这些你不是都承认的吗？

常识：这些我先是承认的。但是我现在想，我们所据以判断推理的原始材料，总是我们之感觉经验。所以我虽承认判断推理之对象，在感觉经验之外。我可不能相信，我的判断推理之活动，真超越了我之感觉经验范围，而达到客观对象本身。我的判断推理，始终只是我的判断推理，即始终是主观的。就他们之起源上说，始终离不开我旧有的感觉经验而被限制在我旧有的感觉经验以内。因此由判断推理所得之数学哲学之概念，亦限制在我旧有的感觉经验以内。

慎思：你说你判断推理，离不开你旧有的感觉经验，是不错的。你因此而说你的判断推理，被限制在你旧有的感觉经验之中，却是错的。你不能说你的判断推理只是主观的，不曾真达到客观的对象。因为如果你的判断推理只是主观的，不曾达你所要判断推理的对象，那便等于说你不曾判断推理。因为你的判断推理之"能"，不能离开其所对之"所"。如果离开，你的判断推理便毫无意义。至于科学哲学上之不能完全证实之概念，亦不能说是主观的，因为他们都有其所对客观之理，不过关于此问题，我们可以不加讨论。

常识：假如我们判断推理之活动，真已达到其对象，便不当有错误之判断推理。

慎思：假如你的判断推理之活动，不曾达到其对象，更不当有错误之判断推理。因为你的判断推理，本来与其对象不相干。你的判断推理之所以错误，由于你用以判断推理之经验内容，或已有之知识，配搭不上你所指定之对象。而不是此"去配搭之活动"，即"你之判断推理之活动"不曾达到你指定之对象。如果你配搭之活动不曾到你之对象，你也不能发现你所用以判断推理者之配搭不上。你不能自你用以配搭者之被打击而退缩回来，于是以为你之判断推理之活动本身不曾达到对象。你在论理上，必须承认你判断推理活动，曾达到其对象。你在心理上，所以不觉你判断推理之达到其对象，只是因为你只是向后看，向下看你的判断推理之活动所用的工具，而不曾向前向上自判断推理活动本身看。这是你智力本身之惰性，你自己须加以克服。

常识：我现在承认在判断推理中之活动，达到我们感觉经验以外之对象。但在你感觉经验时的心，总是限于你之感觉经验，你的心仍为自然供给你之感觉经验所限。

慎思：但你须知自然环境时时在供给我们之感觉经验——因自然环境时时在与我们身体互相反应，我们之生命力时时流通于我们之身体与自然环境间。在我们生命存在时，我们的感觉经验之继续发生，好比一不断之流，我们不能加以截断。所以我们不能说我们之感觉经验有什么一定的限制。因为每一限制，转瞬即被克服。你的感觉经验，亦时时转化入你心之自觉中，为你心之自觉力所构造。这亦是一不断之流，你亦不能加以截断，而说你的心有什么一定的限制。你以"历程""流"之观点去看，你将看不见什么一定的限制在那里。

常识：我们从"历程""流"之观点去看，固然看不见什么感觉经验之一定的限制。然而在自然环境，未与我身体有某接触时，我们即无某感觉经验。此即可谓生命之活动受自然之限制。我们之感觉经验未为我们所自觉时，我们即无纯粹之心理活动。此即可谓心之活动受感觉经验之限制。

慎思：当身体未与自然环境有某接触时，我们之生命，根本未表现其生某感觉经验时之活动，所以我们不能说我们之生命活动受了限制。当感觉经验未为我们所明显自觉时，由此自觉而有之心理活动，亦根本未表现。所以我们不能说我们的心之活动受了限制。

常识：我们可以由"心要有自觉的活动，必待先有感觉经验"，而说心本身受了限制。

慎思：但我们又何尝不可以说：感觉经验必待心之自觉，而后转化出纯粹之心理活动，而说感觉经验本身亦受了限制？

常识：我们说感觉经验在未被自觉时，仍是感觉经验，仍然存在。而心未有自觉之活动时，则心可说不存在。所以只是心之自觉活动，待感觉经验之有而后有，只说心受感觉经验之限制。

慎思：你怎么能说心在未对某感觉经验加以自觉时，即不存在。如果心未对某感觉经验加以自觉时，即不存在；我们亦当说你生命在未对某自然之物发生感觉时，即不存在。你不说你生命在不发生某感觉时即不存在，何以说你心在对某感觉不加以自觉时即不存在？

常识：我们身体不感觉此物，即可感觉彼物，所以生命常存在。然而我们之心，可有对感觉经验，根本未加以自觉之时。如我们在初感觉一物之一刹那。又如我们在睡眠中，我们身体仍能感觉蚊子之咬，生一自然之反应而打它。然而我们的心并未尝加以自觉。因我们此时根本不知我们有感觉，不知有感觉之对象存在。

慎思：你有晚上感觉蚊子之咬，而不加以自觉的时候，你亦有专心思想而不感觉蚊子之咬，不去打蚊子的时候。你说你虽不感觉蚊子之咬不去打它，但你的生理已有变化，即身体已有反应，即你生命已有某种活动。那么，你怎么知道，你的心在未有显明的自觉的时候即无活动？我们虽说心之本质是自觉力，但我们并不曾说我们之自觉力之活动，一定都会使我们发生明显的自觉。因为我们认为所谓自觉力，即去自觉，去统一经验，去贯通经验，将一经验内容超越其所在之经验系统之力。我们可承认有潜伏地（或超越地）活动之自觉力。须知一切去统一一些经验、去贯通一些经验，或使一经验内容超越其原来所在之经验系统，而隶属于另一经验系统之事，都可视作一历程，即都有开始与完成。所以其中皆可说有一自觉力潜伏活动之阶段。如果我们不承认有此阶段，我们便不能了解何以零碎知识的积累到某阶段，忽会涌出一高级概念，而以前一直只是零碎知识。我们假如承认了，我们之自觉力有潜伏之活动；那我们就不能说，我们在未对感觉经验有明显的自觉时，我们即无自觉力之活动。我们反而可以说，即在初感觉的一刹那，我们亦有潜伏的自觉力之活动。因为在第一刹那中，若绝对无自觉力之活动，则第二刹那来时，仍同于这第一刹那。我们将永不会有自觉我们感觉之时。我们与其因为我们莫有明显的自觉力，而断定我们在第一刹那之感觉中，心之自觉力全不活动；不如说我们的自觉力，有其潜伏的活动，自始在不断的统一诸刹那之感觉经验。待诸相同之感觉经验之统一的积累至一程度，可与其背景相对较（Contrast），而见与其背景不同时，便自其背景之其他经验中挺拔出来，入于明显的自觉中，成对感觉经验之自觉。因我们可以潜伏的活动之未能完成，说明何以有"无明显自觉之时"；以其完成，说明有明显的自觉之时。若我们说在第一刹那之感觉中，自觉力全不活动，则我们绝对无法说明此感觉何以会忽然为我们所自觉。

第二节　辨心理活动超生理活动

常识：我们现在即承认心之潜伏的自觉力之活动，遍于我们感觉生理活动之全部；又承认判断推理之对象在感觉经验以外；我们仍可就一义说心受限制。因为纵然心之潜伏的自觉力之活动，遍于感觉生理活动之全部；但他总须有感觉生理活动相伴。判断推理之对象，虽在感觉外，但总有判断推理之神经活动相伴。我们不说心理片面的受生理之限制，但我们可以说，心理与生理互相限制。这即我们前说的第一层，心理与生理互相并行，谁也不能超越谁的话。（不过那时是就人求真善美之心理活动与生理活动相伴而说。）如果心理与生理互相限制，互相并行，谁也不能超越谁，我们亦将不能看出谁是主宰。

慎思：生理心理互相并行互相限制，自一义说是可以的。然而自另一义说，心理却是超越生理而主宰生理的。尽管在实际上，凡是有心理活动发现之处，必同时可发现其相伴应之生理活动，这是使生理心理学成为可能。然而心理仍为超越生理。第一，每一心理活动，虽可发现其相应之生理活动，但均是自心理活动之完成处看。若真自心理活动本身看，则心理活动本身，在实际上，乃全无外表之朕兆可见者。第二，心理活动是包含生理活动之更广大之活动。其所以广大，由于其所含之另一进向。我们先说第一层意思。我们说心理活动之基础，是心之自觉力。而心之自觉力之本质，我们最后说是使已有经验内容，超越其原所在之经验系统，由是而创生新经验。所以我们亦可以说，自觉力之活动非他，实际上，只是一经验内容向上以超越其自身之所在经验系统之趋向。此向上趋向，根本上只为一意味，或只表现一理，当此趋向未落实而完成一新经验时，只为一纯粹之动。所以根本无外表之朕兆可见。凡有外表之朕兆可见者，皆已完成者，而非此纯粹之动。因为一切可见者，均只见之于一指定之经验系统中。而此纯粹之动，则根本不隶属于任何指定之经验系统。但我们必需承认有此"不可见之纯粹之动"；因若无此动，则无所谓经验内容之超越，无所谓旧经验之相渗贯，以产生新经验之事。在此由旧经验到新经验之历程间，必需有此"动"以为媒介。此"动"自身，可不能隶属于新旧二经验系统之何者，而在新旧二经验系统中均无从发现。所以真正的心之自觉力，乃联系贯通我们之经验，而又超越于我们之任何指定经验之上者。这是我们不能单独自觉"我们心之自觉力"之根本原因。譬如我们即以自觉力之表现于我们之记忆来说，我们之自觉力，使我们去回想：由过去经验，所得之事物印象之内容，而于现在重现此事物印象内容。此中我们觉其存在者，似只一过去之印象与现在重现其内容所成之新印象，然中间联贯此二印象之自觉力，使"过去经验印象内容，超越其所在之经验系统而重现之于现在，成现在之新印象"之自觉力，则吾人正去记忆时，并不觉其存在。过去之印象在过去时，重现而成之新印象在现在时。而此自觉力之活动，则两俱不在，但为其间之超越的联系者贯通者。故我们要发现与记忆活动相伴之生理活动，我们只能发现：记忆完成时，重现过去印象内容而生一新印象时，与新印象之发生相伴之生理活动。但此却决非真正与记忆活动本身相伴之生理活动。记忆活动之本身之作用，在联系贯通过去与现在。此联系贯通之作用，根本无与之相应之生理活动可发现。犹如过去与现在之时间之本身，原无与之相应之生理活动。我们可说生理活动经过时间之过去与现在，然不能有一生理活动与时间之过去现在本身相应，好像生理活动之与物质刺激相应一般。记忆活动本身在联系过去与现在，所以亦不能有与之相应之生理活动。同样，心之自觉力表现于去判断推理，以求知一对象时，我们判断推理之活动，本身亦只是一纯粹的动。此纯粹的动，则不特超越我们用以判断推理之诸经验内容最初呈现之过去时间，而将他们供我现在之用，以联系于现在；而且我们是将他们之意义引伸出我的范围以外，到一客观之对象，而联贯于一客观之对象。此时心之自觉力之活动，所表现联贯作用更广大，既联贯过去与现在，复联贯所谓主观与客观。此联贯作用之本身更不能有其相应之生理活动。我们仍只能在判断推理完成时，在我们生理上发现某一种变化。此外想象意志同情等各种心理活动，我们加以分析，我们都发现他们之本质，只好似凌空在上的联贯作用。即都不能真发现与他们自身相伴相应之生理活动。所谓凡一心理活动，都有其相伴相应之生理活动，可发现者，都不过自一心理活动之已成方面看所发现的。生理心理学赖此成为可能。然而看心理活动之本身，则不当只看已成的方面。所以我们说心理活动有超越生理活动之性。

常识：那么请你再说你的第二层意思。

慎思：第二层意思与第一层相连。在第一层意思中，我们说心理活动本身，乃联贯过去与现在、主观与客观者……这即是说心理活动，乃在我们生命历史之流上面，作横的活动；在已有生命历史与外界客观对象之交相反应之历程间，作横的活动。假如这意思不易明白，我们可以图表示：

判断中心之活动　　　记忆中心之活动

你假如能自己用思想，此外一切想象意志同情等都可以想出图形表示，不过我们用不着一一绘出。

常识：但是你这图并不能表示出心之活动与生命的活动不同之处。如果心之作用即在如是如是之联贯，则等于说心在记忆所表现之活动，在贯通时间。这与你前说生命之活动有何不同？你说心在判断中表现之活动，在贯通我们之生命历史与客观对象，亦与你前说"生命之活动遍于身体与环境间"有相似之处。究竟心之活动与生命活动有何不同？如何可说心之活动超越于你生命活动，而为包含另一进向之活动？

慎思：心在记忆中表现之活动，诚然含有贯通时间之意义。但是其贯通时间，与纯粹生命活动之贯通时间不同。纯粹生物的生命活动之贯通时间，只是为保存其过去现在之身体而存在于后来，保留过去现在习惯本能于后来，使其生理之活动随时间之拓展而拓展等。所以纯粹生命活动之贯通时间，只是继续过去于现在。其过去之意义只在现在。其贯通时间之性质，在生物本身并不觉得。只是我们从外面看出其贯通时间之性质。然而心在记忆中之贯通时间，则心是自觉其贯通时间。心所记忆者为过去之事。然心记忆过去之事时，并不以过去之事在现在，而仍知过去在过去。所以在记忆中，心是自觉时间之间隔，而又贯通之。所以纯粹生物之生命历史，对于生物之现在生活只是一背景，而有其意义于现在生活。此背景本身，则并非此现在生活所能包摄。在心之自觉的记忆中，则过去之生命历史，为现在之记忆之心所包摄。至于心在判断推理中对于客观对象之关系，亦与生物对环境反应时，生命与环境之关系不同。诚然生物在对环境反应时，其过去之生命历史中之各种已成之反应方式，均集中于环境之刺激前，自动的互相渗融，互相修改，以求一新的适当之反应方式。此与我们判断一对象，运用旧有印象或其他已有知识，去求一新的适合判断，似颇有相同处。然而在生物对环境之刺激，求适当之反应。环境与生物交相反应时，生物但觉环境与生命有不可分之紧接关系。在判断中，则一方虽觉判断之对象与我们心之联系而不可分，然而我们却同时明白的承认我们所判断者，是在我主观的心外。所以当生物对环境反应时，只有其主观与客观之统一。而在我们作判断时，则一方有客观主观之统一，一方有客观主观之对待。我们是在主观与客观之对待上，统一主观与客观。所以在生物反应环境时，其生命力只流通于其身体与环境之间。在心作判断时，则心在主观客观之对待上，统一主观与客观；即无异将主观客观一并统摄于下，而将外在之客观对象，与用以判断之经验内容，一并加以统摄。上图所表示是生命活动只有←生命历史一进向，而心之活动则是有二，↗进向，↑进向是超越←进向，而包括此进向者。所以我们说心能为生命之主宰，心理能主宰生理。

第三节　辨心不为其对象所限制及主观与客观之不离

常识：我现在即承认你所谓心理超生理主宰生理之说，你仍不能说心之活动不受限制。因你在求正确记忆时，你的对象只在过去之某事。过去之某事，乃一特定之对象；在下判断时，你的对象亦是一特定之判断对象，不然则记忆判断不可能。你的心之活动，必须以一特定之对象为目的，这不证明你心之活动必须为一特定对象所限制吗？你心之主宰的力量，仍不能没有缺憾。因为你的心之活动必赖有对象而后成立，即心对对象有所需求，心便非能自由自主不受限制者。

慎思：但是我们可以说当心求正确记忆一过去事物、判断一事物为目的时，并不是心为此事物所限制之表示。而是心要了解事物，以实现真理之价值。记忆所实现之真理价值，诚与判断不同。然记忆求正确又自觉其求正确，则同于判断。心为实现真理之价值而了解事物，我们可以说心此时之内在目的，并不在事物本身，所以心又不受事物之对象之限制。心了解一事物后，又可了解其他事物。心之了解不限于任何事物，所以心不受事物之限制。心之了解，周流于所了解事物间，你如何能说心为其所了解事物之限制？心了解事物，包含内在的求真理之目的，包含"超越所了解事物之范围"之性质。心之范围，较所了解之事物广大。你如何可说心受其所了解事物之限制？

常识：心之了解活动，总必待对象而后成立。心必需对象，便非能自主自由，不受限制。

慎思：但是我们可以说，心之必需对象，乃心欲包摄对象于其中，而将对象收入其自身之范围。因为心在了解一切对象时，此对象之内容即成为心之内容而属于心了。

常识：你前不是说记忆时所记忆者在过去，判断事物时之对象在外吗？

慎思：但是我们亦说我们记忆判断时，我们心之活动是达到了我们之对象的。在记忆是正确时，我们过去之所经验之事物内容，为我们现在之心所包摄；在判断正确时，客观之事物之内容为我们之主观之心所包摄。

常识：我不相信你所谓包摄，真是包摄于你心内。若果如此，你便不当同时又承认现在过去之对待，主观客观之对待。

慎思：我们现在仍然承认在记忆中过去现在之对待，在判断中主观客观之对待。但是我们同时要说明在记忆正确时，我们同时是将过去包摄于我现在心内；判断正确时，我们是将客观包摄于主观。

常识：我想记忆之正确，不过我们去回想过去事物，而认取过去事物之内容，以此内容为现在心之内容，又知现在心之内容即过去心之内容。判断之正确，不过了解我们用以判断之内容与客观之事物之内容合一。我不相信我们的心真能把过去收到现在，把客观收到主观。

慎思：我们现在讨论记忆，我们已自觉记忆之求正确，我们此时已视记忆为判断。不过是关于我们自己的判断而已。我们以下便可就判断上说。你以为正确判断，只是我们现在主观的心的内容，与客观外界或过去的物事内容相同吗？那么客观或过去的事物，既在你现在主观的心之外，请问你如何知道你已获得了真理，你如何能知道你的主观与客观相符？

常识：但是我亦承认我们之心之活动，在判断时达到客观事物。

慎思：你承认心之活动在判断时达到客观事物，那便亦当承认客观事物不在你主观的心以外。因为你之活动已将主观客观联系贯通为一了。你的判断，若只是如你所谓达到客观事物，你仍不能知道你的主观符合于客观。因为你始终说客观在你主观之外。

常识：如果我们判断正确时，即将客观收入主观、外物收入心内。那么，我们判断这是鸟时，我们心中应有一个鸟；判断这是山时，心中应有一个山，岂不成了笑话。

慎思：这并不成笑话，从一方面亦可说，你判断这是石时，你心中正有一石；判断这是山时，心中正有一山。

常识：那不过一石之形式或性质，一山之形式或性质而已。

慎思：但我先问你，除了其一切形式或性质，是否有你所谓事物？你所谓山石，不是包含其各种形式色声触等性质而言吗？你在想这是山是石时，这山石之形式性质入了你的心，不即可自一方说此山石入了你的心吗？

常识：但是心中的石，不能拿来打人；心中的山不能长出树木。

慎思：当你见一石山而未用来打人时，未长树木时，你心中之石山，固未曾打人长树木。当你自觉你之用石来打人时，见山长树木时，你的心中的此石不亦在打人，心中的此山不亦在长出树木吗？

常识：但是心中想一石时，你心中何以不感觉石之重量？你想火时，何以不发热?

慎思：你心中想石火不感重量不感发热，只因为你所想的只是石火之名字或其他的形式性质，你如真想火之热、石之重，到最真切的程度，你便必觉热，必感重量。你梦中的火石不是使你觉热觉重吗?

常识：实际火之热、石之重不是我心中火之热、石之重。不过我们心中，亦可有石之重、火之热。我们心感石之重、火之热时，只是重复一实际物之形式或性质而已。

慎思：但就热与重本身来说，你能说属于外物的与属于内心的之间有分别吗?

常识：那我承认并无分别。

慎思：然则你何以不可以说，你感火之热、石之重时，火之"热"、石之"重"即在你心内呢?

常识：但是我们可以承认别有外物之本体，物之性质乃附于其本体。我们之心亦即别有其本体，我们心中所想之外物之性质，乃附于我们心之本体。心之本体与物之本体互相外在，所以心中之物之性质与外物之性质，各自分别。

慎思：你以为你心之本体真是独立于外物之本体以外的吗?你以为你心之本体不曾与外物之本体接触吗?如果不曾接触，你如何会感觉外物之性质?

常识：我们可以说我所知外物之性质亦是主观的，外物之本体在所谓外物之性质之后。我们能接触外物之性质，感觉外物之性质，而不能接触外物之本体。

慎思：假如你把外物之性质除完，所留的外物是什么？这种与其一切性质断绝关系之本体，你将凭借什么以肯定其存在？而此外物之本体既绝对在你心外，你如何能断定其存在？所以你要承认外物之本体，便不能说他离于其性质之外，离我们心之外；你便不能说，我们所了解的外物性质与外物本身之性质是分立；你便不能说，你认识外物之真正性质时，外物的性质不内在于你的心。你便不能说，你认识外物之真正性质时，外物只是在你心外。你必当说，你认识外物之真正性质时，外物即内在于你的心，而客观内在于主观。

常识：但是我还要问你，你是不是说我们认识正确时，外物内在于我们之心，客观内在于主观，则此时之外物，即不再有客观之存在？

慎思：这又不是。你须知道我们前面的话，只是为破除你所谓"我们认识外物正确时，外物仍只在心外，主观仍不能包摄客观"的偏见。在你此偏见破除之后，我们仍可承认：认识正确时，外物之客观存在。但你却永不当忘记，在认识正确时，此客观之外物之一部内容或性质与其所依之本体，在一意义，同时即内在我们主观的心。

常识：但是你的话我仍有怀疑。你说在我们对于外物有正确认识时，关于我们所认识正确之外物之性质，即内在于我主观之心，我可承认。因外物之本体与其性质不离，所以，与此部性

120

质不离之外物之本体，亦内在你主观之心，我们也可承认。但你既不否认外物之客观存在，你便当承认你所认识的外物性质，只是全部外物之本体之一部性质。然而全部外物之本体，除此部性质外，尚有无穷之其他性质。所以除与此部性质不离之外物本体之部外，尚有更广大之外物本体。而此更广大之外物本体，与你所认识之外物性质不离之外物本体之部，又不相离成一整体。此更广大之外物本体，既在你认识之外；全部之外物本体之整体，亦当在你认识之外。你于是根本不能说，在你认识外物性质正确时，外物之本体内在于你主观的心。

慎思：你可自更广大之外物在我们认识之外，外物之本体成一整体，于是断定"与我们认识之外物性质不离"之"外物本体之部"，亦在我们之主观的心以外。但是我们又何不可以由"与我们认识之外物性质不离"的"外物本体之一部"，内在我们主观的心，而说其余更广大之外物本体，因与此部外物本体不离，而亦内在我们主观的心？因为你只从成一整体的观念来立论，便与量之多少无关。我们两方的话不是相抵消了吗？所以我们仍可说，我们认识正确，所认识之客观之外物一部内容性质与其本体，即亦内在我主观之心。

常识：那么我们就承认你所认识之客观外物一部内容性质与其本体，可同时内于你主观的心。但你不能认识尽一切外界之物。你主观的心之认识外界，只是逐渐的向外界之物探照，而求多所认识，使客观外物内在你的主观。但你总有未认识之外物，即你的认识便仍是受外物所限制，因为你觉你未认识的外物在外。

慎思：但是你为什么觉得你受外物之限制，觉有外物在外？不是可说是因为你要摄取外物性质到你主观的心内吗？你是要克服外物之外在性，而后感外物之外在性。所以你之感外物之外在性，并非单由外物所赋与，而由你自身所赋与。你之感到限制，乃生于你之想超越你过去知识之限制，而获得新知识。所以你是由想超越限制而感到限制。你是自愿的承受你的限制，你同时自己置定你的限制，你不是单纯的被限制。

常识：我们之必须感到如是如是之限制，我们之必须如何如何去认识，乃获得真理，而超越限制；则我们便仍是受了"如是如是之限制"之限制。

慎思：但是我们同样可以说，为了要有如何如何之知识，得如何如何之真理，所以我们必须感如是如是之限制。你只自外看，所以总要觉我们是受外界所决定。但是你只自内看，则一切决定都可谓自己决定。

常识：但是又为什么心之认识一定要先经一不认识的阶段，先觉外物在外面，然后觉外物性质可内在于我们之心；先觉被限制而后克服限制？若根本莫有限制，岂不更好？心不是被"限制"所限制了吗？

慎思：心之被"限制"所限制，亦其自己所决定，因为心之活动之本质即超越向上。如果莫有"限制"，即无克服"限制"，亦无超越向上，即无心之活动。所以心要成其为心之活动，即须有限制。其为"限制"所限制，仍可谓由其自己所决定。我们可以说心之活动，为了成其为心之活动，而肯定限制，克服限制。在心之求认识外界事物，对外界事物下判断时，可如此说。在心求认识我们自己，对我们自己下判断时，亦可如是说。以至对一切真正的记忆活动，推理的活动，想象的活动，意志的活动，亦都可如此说。因为一切的心理活动，都在克服"限制"，而其所克服之"限制"都是我们所承受，即都可说我们吾人先所置定，以使我们之克服限制的心理活动成可能者。我们不必一一加以解释，你可自己去反省。

常识：我们的讨论过于复杂，我自己也弄不清楚我的问题之发展，希望你把我们的讨论加以总括，而提出你的结论。

慎思：我们的讨论，最初是说明心之存在，即自觉之存在。其次是说明一切心理活动都原于我们之自觉。第三你根本怀疑到我们心理活动之独立存在。于是我们论到心理活动非生物之求自利的本能可以解释。第四你提出心理活动被限于感觉经验的问题，于是我们指出心之判断推理之超感觉经验。你又提到心之活动，与生理活动感觉经验之范围广狭的问题，于是我们论到心潜伏自觉力之存在，指出人有感觉经验之处，皆可有心理活动。我们论到此，我们都是不外把心理活动提出来与生理活动感觉经验并列。于是第五我们论到心理活动超越生理活动。心理活动有其本身之进向，其本身之进向乃一更高之进向，包括纯粹之生命活动者。第六，你问到心之记忆判断时，心是否为其对象所限，于是我们论到认识正确时，我们之心即包摄外界事物，外界事物即内在于我们主观之心。最后我们说明心之受限制，皆可说为其自身所肯定。心之活动为成其为心之活动，故不能不有限制，所以限制即非限制。我们所向往归到的结论是：心是真实存在，是我们生活之中心，能主宰我们全部生命之活动，是不受任何绝对外在的势力之限制。心是自己决定他自己的我们之生活中心，能主宰我们全部生命活动的。我们前章已说明生命活动遍于全宇宙。所以心即我们之宇宙之中心，心亦主宰我们之宇宙。你把我们的话全部融贯时，将了解此意。

第六章
辨心之求真理（上）

第一节　辨心之律则之永恒性

常识：你上次的谈话我已细细想过，我现在很愿承认心能主宰生命活动的话；我也很相信心所感之限制，同时即其自身所肯定。因为心要活动，成其为心之活动，表现其贯通统一、联系超越向上之力，便必须有限制。我了解了要有限制，而后有限制之克服。这一切我都承认。但是心既然要克服限制，限制之存在总使心不安。心真完成其为心之活动，必须求归到不觉限制。心要实现其为生活中心，主宰生命活动，为宇宙中心，主宰宇宙之任务，必须归到不觉限制。但这是否真可能？即心之继续不断的超越限制，是否真可能？心之继续不断的去贯通、统一联系，使生命活动实际上全为心之活动所主宰，是否真可能？又如何是可能？你上次只是指明心有超越限制，贯通统一联系之能力，而未指明此能力能继续不断的运用，能达到破除一切限制之境。譬如以了解事物来说时，你上章明承认，了解自己，了解外物，可有错误，承认人有不了解之外物或自己之一些方面；而且你也承认，人类之生物性的自利本能，可影响人类求真善美之活动。这都是你所谓真正的心之活动之限制。这些限制，你如何能证明他们必有继续不断的被破除之可能？如果心之活动，不能继续去破除限制，那么我们虽然可以承认心之限制，为其自身所置定；但心若置定限制而不能克服他，那我们便当说心为其自己所置定之限制所限制。

慎思：你是否承认心之活动，实际上曾克服他的限制？

常识：这我承认。但心实际上所曾克服的限制，只是他所曾克服的限制。心之活动，是否将如过去一样克服其限制，我们不能证明。

慎思：我们为什么不可由过去推未来？过去是如此，未来何以不可如此？我们的推理，不都是由过去如何推未来如何吗？

常识：我现可以不相信自然齐一律，我可取彻底的怀疑主义。我不相信明天氢二氧一是否可合成水，因为过去如此，只是过去如此，未来总是未来。

慎思：你的意思是不是说，时间有一种改变事物状态的力量呢？

常识：事物之状态在时间中改变，所以我们可以说时间有改变事物状态之力。因而亦可有改变事物律则之力量。

慎思：但是我请问，时间是什么东西？他改变事物之状态的力量，自何发出？你实际上只见事物之自己改变，你何曾见时间改变事物之状态？你实际上只是由事物状态之如何改变中，认识

126

时间之改变；你何曾真能自时间之改变，判断事物状态之必如何改变？你至多也只能说时间渗贯于事物状态中，他们同时改变。你怎么说时间本身独有改变事物状态之力量？又怎能说他能改变事物所遵循之律则？

常识：事物本身前后状态，总是不同而有改变的。时间渗贯于事物中，我们也可说时间改变事物状态。

慎思：但事物由前后状态之改变而不同，即遵循一定之律则。遵循律则而后有改变，所以事物之改变非改变其律则。事物遵循律则而后有改变。事物改变，乃见时间之改变。如何可说时间能改变事物之律则？

常识：但是我们可以说事物本身能自改变其律则。所以心之活动亦可自己改变其律则，而不复如过去之超越其限制，不复能有如过去之活动，不复能如过去之超越限制。

慎思：你可曾真发现事物改变其律则？事物之任一改变，均遵循律则，律则遍于事物之一切改变，事物如何能改变其律则？

常识：我们可以说当事物所遵循的律则，不复是其以前所遵循的律则了，便是他改变其律则。

慎思：那你所谓事物改变其律则，即等于说事物改变其自身。

常识：即如此说也未尝不可。

慎思：如果可如此说，则我们亦可说事物之律则并未改变，只是其自身不复表现原来之律则。原来之律则仍是原来之律则。

常识：我们何不可说原来之律则亦同时改变了。

慎思：如果真同时改变，那事物在同样情形下何以又遵循或表现同样之律则？如果律则本身已被改变了的话。

常识：如果事物之律则无所改变，当亦无所增加。何以事物之变化会表现出新的律则？

慎思：我们何不可说事物表现新的律则，只是其表现是新的；律则无所谓新旧，亦无所谓增加。

常识：何不可说新的律则是事物自身改变时所创造出的？

慎思：律则不能是事物自身改变时所创造出的。因为必先有如何改变之律则，而后有事物之如何改变。事物之如何改变，本于其有如何改变之可能。其有如何改变之可能，本于其律则。所以我们必先承认有永恒之律则，非事物所创造，而只为事物所表现。

常识：但事物有不表现某律则时，即某律则可失去表现之能力。律则虽有而未表现，便与无律则同。心之活动虽有能超越其限制之律则，而此律则可不表现，则亦与无此律则相同。你怎能断定：心必能继续活动以超越其限制？

慎思：宇宙间特定之事物律则，可有不表现时，然而事物之普遍律则无不表现时。心之此律则为普遍之律则。

常识：什么是普遍之律则？

慎思：如在物质界中，物质在空间中会运动之律则——我不是说如何运动之律则，只是说此运动之为运动之律则本身——只要有物质处即有此律则之表现。如果你要坚持有不运动之物质，那末我们可以说占空间之地位即普遍于物质之律则。这是不论物质如何运动变化或不运动变化都表现的律则。又如生物界中求继续生命活动之律则，亦复如此。因凡有生物处即有继续生命活动之律则表现。在人心，我们说自觉之超越限制，即人心之普遍律则，凡有人心处即表现此律则。

常识：论到最普遍之律则，我们可以说不过我们抽象所得。我们因为在实际上发现某类物常常表现有某律则，继续表现某律则，于是我们说那是将永远表现之普遍律则。然而我们怎能保证，某类物必永远表现某普遍律则？怎知将来之物质必仍表现占空间性？生命必求继续其生命性活动？心必继续自觉的超越限制？

慎思：我们此处所谓物质生命等普遍律则，同时含有为物质生命心等根本性质之意义。我们不能想象他们能不表现这些根本的性质。因为我们即赖这些根本的性质而了解他们。我们所谓他们之意义之内涵，即是这些根本性质或普遍的律则。假如他们真可不表现这些普遍的律则。我请问你怎么知道他们还是他们？怎么知道是"他们"自己不表现这些普遍的律则？你怎么能本此假想而说，他们可不表现此普遍的律则？所以你除非不承认有心，你承认有心时，你便得承认心能自觉的超越限制。你承认有心，而说他会不再自觉的超越限制，你是自相矛盾。你承认有心时，便当承认他会继续不断的克服其限制。你不能说心有不去克服限制的时候。

常识：我现在承认心会继续不断的克服其限制，心不会在将来忽然不去克服其限制了。但是我的问题，尚有一方面，即我不仅问心是否继续克服其限制，而且问心能不能继续克服其限制。

慎思：这问题的两方面你不能分开。因为我们已共同承认心所克服之限制，为其自身所置定，属于其自身。所以他去克服限制，即有被其克服之限制。因为去克服，是自能克服方面言。能克服与所克服二者，根本是不离的。你试反省你心之活动，你能发现"你心活动而无被你克服之限制"之时候吗？所以只要你承认心是继续不断的去克服其限制，你便当承认心是能继续不断的克服其限制的。

第二节　辨求真理之心为一客观的心

常识：我承认心能克服其限制，但是我以为心之克服其限制，乃在其诸限制之上活动。如心之记忆判断推理等活动，所凭借之材料，都是非心的东西，如"我们之生命经验、感觉经验，或外界事物"。心之活动，只是去贯通去联系那生命经验、外界事物等等。诚然，心之活动能支配生命经验、感觉经验、外界事物等等。自此义，我们可说心是生命活动之中心主宰，以至说心是宇宙之中心主宰。但我们这样看心是生命活动或宇宙之中心主宰，犹如我们看一切臣民之行为，均可受君主之统率，而说君主是国家之中心主宰。我们从另一方面看，必有臣民而后有君主，君主必须有臣民来统治，而后能为君主。所以君主必须迁就臣民之意志，而后能统治臣民。因而我们自另一义，亦可说国家以臣民为主。依同理，我们亦可说，心非我们全人格之主。生命经验、感觉经验，及吾人所接触之外界事物，乃我们全人格之主。

慎思： 如果我们的讨论只止于前章，你可以如此说。因我们前章的讨论，只论到心之自觉力能支配生命经验、感觉经验等。我们只曾论到，心之自觉力如何表现其力量。我们不曾论到，"我们心之自觉力之表现其力量"本身可为我们所自觉，我们可自觉的求"我们心之表现其自觉力"。或我们可以自觉的，"施用我们之自觉力"。我们是可以自觉的施用"我们之自觉力"的。譬如我们在凭借记忆判断之活动，以求了解尚未了解之外物或自己，而期必达到获得真理之目的时，我们即是：自觉的施用我们之自觉力。我们通常施用我们之自觉力，可以是不自觉的，所以可达不到其目的。因此人通常的记忆判断，可真可错。但是我们在自觉的施用我们之自觉力时，则必求达到此目的，只可归于真不可归于错。我们是有意的要排斥错误以把握真理。我们说在我们自然施用我们之自觉力时，自觉力与其余生命经验、感觉经验、外界事物的关系，可正如你所说君主臣民的关系。君主有时须迁就臣民，自觉力须迁就其他生命经验等。但当我们自觉的施用我们之自觉力时，则此君主成为有绝对权力的君主。一切臣民都愿服从其意志，以他的意志为意志。因为这君主本身，即是真能代表全民一切意志之君主。他的意志是已经先通过全民意志的，所以他能使全民服从。他不感到有迁就外于他的意志之必要。这即比方我们自觉的施用我们之自觉力时，我们是要使一切相关的生命经验、感觉经验、客观外物，都统率于我当前的自觉，都为我之自觉所通过。所以这时我的心之为我全生命活动之中心，不只是一抽象的中心，而是反透至其边沿，将其边沿摄入中心之具体中心；不是一相对动的中心，而是一绝对动的中心。

常识：我不能清楚的了解，你所谓自觉的施用自觉力之意义。你怎能说，在我凭借记忆判断等活动，以了解尚未了解之事物，期于得真理时，便是自觉的施用自觉力，与一般之记忆判断不同？

慎思：我们现在为使问题简单计，我们现在姑就我们对于外物之判断来说，暂不说对于我自己之判断，或其他之判断。我先问你什么是真理？真理存在于什么地方？

常识：你前说当我们判断外物真时，则将外物的内容或性质摄入我们主观的心。那么我们就可说我们的心把握着外物内容或性质，即是得了真理。真理即在我们主观的心内。

慎思：我们以前只说，当你判断外物而获得真理时，则你主观的心，必把握着外物之性质（包含关系状态）。但我们未说"你主观的心把握着外物之性质本身"一语之意义，即得关于外物之真理之意义。如果只主观的心把握着有外物之性质本身，即得关于外物之真理，我们便无对外物错误之判断。因为在我们对外物下一错误判断时，我们心中所用以判断之内容，仍然可不外是一些其他事物之内容之性质。

常识：但是那不是我们判断时的心，所判断对象之物的性质。我们前说当我们对外物判断正确时，我们主观的心之内容所含外物之性质，即外物本身之性质。我们现在遂可说，必需一些物之性质内属于心，外属于所对之物时，我们才获得关于外物之真理。

慎思：但是你仍不能说，只是一些物之性质内属于心、外属于心所对之物，你便算获得关于外物之真理。因为在你单纯的感觉中，所有一些关于外物之性质相状，也许即你感觉所对之物之性质相状。如此亦可说此一些性质相状内属于心、外属于物。然而你不说你此时是获得关于外物之真理；你并不说单纯的感觉中，包含有关于外物之真理。因为在你单纯的感觉中，你并不自觉你感觉之性质相状即外物之性质相状。

常识：那么我当说在判断中，当我们将我们心之内容中，所包含的一些关于外物之性质相状，向我认为客观所对的外物凑泊上去。后来再发现外物有此相状，或表现此性质时，我们遂觉到主观的心所想之性质相状，与外物之性质相状相通。由此相通，我们觉为我们心之内容之性质相状，与外物之内容之性质相状，都好似超越其原来之所在，而互在对方中发现其自己。于是我们不能再分名之为心之内容或外物之内容，而名之为真理，为我们所获得之关于外物之真理。反之，我们发现我们所想而借以判断之一些性质相状，非此外物所表现之相状；外物无此性质，我们即觉我们有错误。

慎思：你的话是对了。但你如此说，便不能说此真理是属于你主观的心。因为你在得此真理之前，是先觉心物之对待，而后觉心物内容之合一。你是在由心物之对待到心物内容之合一的历程间，发现此真理。此真理的发现，是你主观的心与客观的物之内容之性质相状，好似互相超越其原来所在后才发现的。你便不能说真理在你主观的心内。

常识：但是当由心物之对待，到发现心物内容之合一，获得真理之际，此时我们即忘心物之差别。此真理之获得，乃在我们忘心物之差别时，这是你所承认的。而我们在此时反省我们之获得真理，乃我们之努力所致。我们为什么不可说真理在我们主观的心内。

慎思：你之获得此真理，必在你忘心物之差别时。你获得此真理后，可由反省而发现你获得此真理由你之努力，是不错的。但是你当注意：你已获得此真理后，把此真理当作真理时，你却须重新在一方面，想到心物之差别，不能只想到心物内容之合一。你在答覆人问你"何以知道你所获得的真理是真理时"，你仍只能说因为事实上是如此，外物或客观对象本身有如此之内容。假如你以为此真理之真理性，只在主观的心中，你便不当如此答覆别人。你如此答覆别人，即证明你把此真理当作真理时、你了解此真理之意义时，你并不以此真理之真理性，只系于你主观的心，而同时以为系于客观对象或外物。你不当只说此真理之真理性，实现在你主观努力中；你当说此真理的真理性，实现在"你主观的心与客观对象外物之表现其内容之合一，而泯除其差别之历程中"；在此历程完成后，此真理之真理性，仍被我们承认为系于主观的心与客观对象外物的对待间，而不只在我们主观的心中。

第三节　辨自觉的运用自觉力之意义

常识：我不知道你说此真理之真理性，系于"主观的心与客观的物之合一而又对待之间"，与你要说明的"期必在得真理的判断，是心之自觉的施用其自觉力"，有何关系？

慎思：你承认了此真理之真理性在主观心与客观物之对待间，那你便当承认："当我们期必在得此真理或目的在得真理时"，我们求真理之心之活动，亦在此上所谓"主观的心与客观的物之间"。目的在得此真理的心，是"超越此上所谓主观的心"之心，而"力求此所谓主观的心与客观的物相合"之心，亦即支配此主观的心之心。此主观的心之活动是自觉力之活动，则此支配此主观的心之活动，即是自觉的施用自觉力之活动。

常识：我不能懂你如此抽象的话。

慎思：我们可以加以解释。我们说目的必在得真理之心，即对于反乎此真理之错误必加以排除之心。所谓对于反乎此真理之错误必加以排除者，即当我们发现我们心之内容与外物之内容不一致时，即将此内容否定而另代以内容，到求得适合所对外物之"心的内容"，发现真正之真理为止。目的在必得此真理之心，即支配心之内容当如何之心、自觉的要求心之内容之如何的心。所以目的在真理之心、去支配心之内容当如何之心，即自觉的施用其自觉力之心。

常识：但是我尚不能懂你所谓自觉的施用自觉力之心，如何能将我们相关的生命经验、感觉经验、客观外物，都统率于我们之自觉力之下，而为我们之自觉力所通过。

慎思：我们今仍就你对外物下判断，而目的在必得真理之心之例来说。你只要能完全明了我们以前所讲，你当不难看出你对外物下判断而目的在必得真理时，你是将你的生命经验、感觉经验、客观外物，都统率于你自觉力之下，为你自觉力所通过。譬如你夜间行于田间，远见黑影，你想知他究竟是什么。这时此黑影所表示之客观外物之本身是什么，虽未为你所了解，其内容如何未为你所自觉；但是你期必了解他时，则你必使他的内容，为你自觉而后已。你不是想以你之自觉力去通过他，把他视作你施用自觉力之对象，而统率他于你自觉力之下吗？但所谓你要自觉他之内容，即是你要你心之内容与他之内容相合，而发现其间贯通之理。但你要发现你心之内容与他之内容相合，发现其间贯通之理，你必一方向他看，一方面假想他是什么。你一方向他看，即是从他得许多感觉经验。你假想他是什么，即是想用你过去之生命经验内容，来解释他。（此所谓生命经验内容，包括：过去之感觉经验、"感觉经验之联系"之经验、原所具有之已知为真之判断——即知识，及其他生命中之经验等。）你在求解释他之历程中，你是让你的假想，领导着你相关的过去之生命经验，与你当前所得之感觉经验，继续不断的互相渗透、融合，而排除其相矛盾冲突之处，即避免错误，以求得和谐一致；使你心之内容与对象外物内容合一而互相贯通，以获得真理。譬如你最初假想他是牛；而你与他渐近时，你感觉经验中，发现他是一细长之物；于是你将牛之假想排除。你其次想他是树；你又想到在你生命经验中，你最近走过此路时，此处并无树。于是你又假想他是人；但你作此假想时，同时想到人必能言语，只有人能言语，这是你认为真之一判断，亦即你所有之知识。又人被呼唤时，通常必言语，被呼唤而言语者，必为人。这亦是你之知识。于是你想到假如他是人，我喊他他可言语。若他言语，必是人；若他不言语，便多半不是人。这是二假言判断。这二假言判断同时可成立。这二假言判断之可同时成立，本于他是人或不是人之选言判断之先成立。你不安于此未决定对象内容之选言判断，而要求一决定。即你要超越你作假言判断选言判断的心，而求得对他的定言判断。于是你要求他之言语或不言语之事实之呈现，来决定你选言判断中是人或不是人二项孰真，以求去掉此二可能之一。你于是用你的喉管呼唤。这呼唤之生理活动亦是你由小孩学习而成。你能呼唤，乃本于你过去之生命经验。你发声后，他果然回答你以言语。此言语之声音，是你之新感觉经验。此新感觉经验排斥不言语之可能，成立言语之可能，与你假想他是人时所认为有的一致。同时你即发现你最初所想之"言语之可能"，原是一"主观之心之内容"者，现若超越你的心，而至客观之对象，而客观之对象的内容，亦超越对象而至你之心。你发现了主观的心与客观的对象内容之互相超越而显其合一，你获得了真理。他更近时，你看见他的面目又是一感觉经验。此感觉经验所供给你关于他之内容，与你想到他是人之"一潜意识中希望他有之内容"又一致。于是你之假想更证实，此真理之真理性更确定，因你又发现他之内容与你心所想到的他之内容之合一了。可见你在期必得真理时，相关之当前之感觉经验与你过去之生命经验，都为你所运用，成为使你对外物之内容有所了解之工具。当你在真求了解外物之真理时，你不是将你的感觉经验、生命经验、外物都统率于你自觉力之下，而使之为你自觉力所通过吗？

所以我们说目的在得真理之心，不是普通所谓主观的心而是主观的心以上之客观的心。因为目的在必得真理之心，其唯一之目的只在得真理。譬如以上所谓目的在求得关于外物之真理之心来说，他为了避免错误求得真理，他常常须否定他自己的心中与外物不相合之内容，而尽量去自觉求得一与外物相合之内容。他是自己超越、自己建设的心。他之自己建设自己，是要求得一在他现在主观的心以外之真理。在他自己建设的历程中，他明知那获得真理心、"具备与外物相同之内容之心"尚未产生，然而他要建设那获得真理之心。所以他与自然得那真理之心不同。他是"诞育或开启，呈现那得客观真理之心"的心，所以我们说他是客观的心。

第四节　辨自觉的运用自觉力之心即宇宙之中心

常识：你说期必在求得真理的心是客观的心，与自然判断而得真理之心不同。因为后者在错误后，不一定继续去求真理。如我们上述见黑影之例，我们初想他是牛，后想他不是牛。我们这时只知他不是牛。若我们不期必在知他是什么，则另一事可来打断我之念头，我们可不再求知他是什么。我们期必知他是什么，则我们的心全集中于知他是什么，他事不会把我之念头打断。你分别这两种心，我可承认是有某一种意义的。但是就此例来说，你期必在了解该黑影，得关于黑影的真理时，你所用以解释他之生命经验，只是与此黑影相关的生命经验，其数量是极有限的。此黑影所能与你之感觉经验，亦是极有限的。此黑影本身所代表之物，亦只是宇宙一物。如果你说在你求真理时，只这一切在你自觉力统率之下求互相贯通，以归于一和谐一致的结论，只这一切为你自觉力所通过，你自觉力所统率所通过之范围，仍是太狭小了。你之此种自觉力，怎么能说是你全生命经验之中心、全生命活动之中心、全宇宙之中心？而此中心又是"反透至其边沿，而将边沿摄入中心"之具体的中心，不止于是一"相对动的中心"，而是一"绝对动的中心"呢？

　　慎思：我们之举此例，只是与你"期必在求得真理之心之活动"之一最简单的例，使你容易明白：我们之自觉的运用自觉力，是怎样一回事。实际上你之自觉的运用自觉力，包括你其他许多活动，如期必在得美得善等之活动。而且他们是比求真理更高之活动。即你期必在求得真理之心之活动，亦是包含非常广大范围之活动。假如你只自此例来看你求真理之心之活动，你当然不能了解你之此种自觉力，是你全生命活动之中心、全宇宙之中心，不能信此中心又是将其边沿摄入中心之一绝对动的中心。但是你当知道，你真对于真理发生兴趣，而肯定你求真理之活动本身时，你实际上决不仅求知一外物之真理。你必对于各种实际外物，都欲知其是什么。这时，你即须在求知各种外物之历程中，运用你之各种生命经验去解释外物，并要求各种丰富之感觉经验，以证实你之解释。你对于实际外物求了解之要求，可说是无穷的。则这时你一切生命经验，都有为你求真理的心用得着的时候。一切感觉经验、一切外物，都可与你一切生命经验，同受你求真理的心所统率或所通过。而且你求真理兴趣，尚不止于了解外物。你常凭记忆来了解你自己之事（此时之去记忆之活动，同时是包含判断之活动）。你在求记忆你过去之事时，你也可先记忆不起。你可说对你自己之此事不了解。你以了解你此事为目的，即你之目的在得关于你自己之真理。你这时不是有一客观的外物，与你现在主观的心相对；而是一客观的你自己之事，与你现在主观的心相对。自记忆不清楚、不了解自己此事，到记忆清楚、了解自己此事的历程中，你仍可有许多假想。这假想之根据，可以是当前之感觉经验所引起之联想，即你在另一时之生命经验。这假想亦可与你过去之事有相合处、有不相合处。你亦即须排除其不相合处，而逐渐修正你之假想。即你亦须要去继续的排除错误，以求得真理。而你求得真理时，必是你直感"现在你主观的心之内容"与"你过去之事之内容"合一时。这一切都与你之了解外物之真理有相同之处。所唯一不同之处，只是你求了解你自己之事时，你求真理的心，活动于你过去之自己与你现在主观的心之间。此便略不同于你求外物之真理的心，那样活动于外物及你现在主观的心间，将外物与我们感觉经验，及我们过去之生命经验，三者贯通，以求和谐一致。此时，你只是将自己之生命经验、感觉经验自相贯通，以求和谐一致。在求了解外物时，此贯通之努力，其方向是向外的。其贯通之交点，在外物与我们生命接触所生之感觉经验。在求了解自己时，此贯通之努力则是向内的。其贯通之交点，在我们生命自身。前一种求真理之客观的心，似在外物与生命间，作他贯通工作之根本立脚点。后一种求真理的心，则在我生命自身之今昔间，作他贯通工作之立脚点。这是我们求真理的客观的心之又一种活动，表示我们求真理的客观的心之又一种活动之范围。

　　常识：假如求真理的客观的心之活动，只是了解外物或自己过去之事，则他的范围仍然有限，不能称为全生命活动之中心，

141

全宇宙之中心。因为他之如是了解外物，他是以来刺激他之外物所与他之感觉经验，为最后归宿点。他之了解他过去之事，是以他过去所曾经验之事为最后归宿点。他不能越此范围。

慎思：但是你要注意，我们之判断并不只去判断"我们所感觉之某可完全以直接经验证实之物"是什么，我们曾经验之事是怎样。我们又可以对我们自己永不能完全以直接经验证实之星球内部之构造下判断。我们可以对我们永不能感觉之原子电子之构造下判断。我们可以对我们下意识中潜伏欲望潜伏性格之构造下判断。当我们判断所谓在经验中之某物是什么时，我们可只以某一些感觉中之相状来界定某物之意义，说能引生某一些感觉经验的相状便是某物。我们只说能引生某一些感觉经验的相状的，便可归到某一类物。至于某一类物之内部之构造如何，并非我们此时之目的所在。至于我们自觉在对于物之本身之构造下判断时，则我们并不只是根据某一些感觉经验之相状来界定某物；而是去想：某物能引起我如是之感觉经验之相状，那末他自身之构造应当如何，不然他便不当引起我之如是之感觉经验之相状。譬如我们见星球发生如何之光色，其形状如何，轨道如何，我们便去想其内部之构造当如何。我们这时不是直接由其有某光色等，便断定它是何类星球，如我们通常之见某人形能言语者即归之于人类，便断定他是人。我们须要先凭借我们对其光色形状轨道等之所知，加以分析，更本之以推理想象，使我们之了解力，如渗贯到星球内部，以了解星球之构造。其光色形状等之如何，只是一推理想象赖以进行之始点。推理想象领导我们之了解进行，而所要达到者永在光色形状等经验以外。推理想象之所得，虽恒须再以感觉经验来作证实，然而恒不能完全证实。而我们所真欲了解之对象，则明为超越感觉经验之客观对象。所以我们此种求真理之心，便非以感觉经验为归宿点，他只是以感觉经验为开始点，以感觉经验助其证实，他活动之所向，则全超越过感觉经验之范围了。

同样，当我们凭借我们之生命经验，以推理想象，而求对于我之下意识中之潜伏欲望、潜伏性格，求了解下判断时，我们求真理之心，亦以我们由记忆所得之关于我之事，为开始点，其活动之所向，同样可超越了我们所实记忆及之范围之外。

常识： 我承认你凭借你的感觉经验所及记忆所及而从事推理时，你求真之心的活动之所向，可及于感觉经验，记忆范围以外之外物的构造，或下意识境界。这可使我了解求真理的心活动范围之广大。但是当你以了解外物之构造，下意识境界为目的时，你所获得的真理，仍是隶属于外物下意识境界之对象。你求真理的心，向对象投射你推理判断之活动，仍是为外物刺激你所生之感觉经验所导引，为"你下意识之活动之表现于你意识者，或你之生命经验为你今能记忆及者"所导引。你求真理的心、作判断推理之心，是向外指的；你便仍未能证明你求真理的心为一自主的心、自己建设其自己的心，为生命活动之中心、宇宙之中心，且此中心是"能将其边沿摄入中心"之绝对动的中心。

慎思：但是你要知道我们求真理的最后目的，尚不只是了解各种实际上的内心或外界对象之理。心由了解事物之理，知一切事物皆有理。一切事物之所以为一切事物，唯在其理。物质之为物质，生命之为生命，皆唯在其理。物质之在空间运动，有运动之律则。所谓生物之潜伏的发育之形式，亦即其发育之律则。生物要求与环境和谐，表现和谐关系，和谐有和谐之律则。心理活动亦有其律则。一切律则都是理。一切物质生物心理活动种类之不同，各皆有真理。离理则无事物。凡理为普遍的。心遂以求了解各种普遍之理本身为目的，并努力将各种普遍之理逐渐归约以求更普遍之理，将各种普遍之理互相融合和谐，成一绝对之理，而视之即宇宙之最高真理或真实所在。当你目的在求普遍之理时，你求真理之活动便已不限于其实际上的内外界之对象，而注目在内外之对象所以能存在所根据之理。实际上的内外界对象所以能存在根据之理，是比内外界之对象更永久广大的。因为任何实际上内外界之对象，都只是为其存在所根据之理之一段时间之一种表现。所以当我们以求知各种普遍之理为目的时、我们以各种普遍之理本身为对象时，我们的心之活动之范围，是比实际内外界之对象为广大，而且超越实际内外界之对象本身。因为理之本身是永恒的，并不限于其一段时间之一种表现。我们愈将普遍之理，逐渐归约成更普遍之理，则我们心之活动之范围超越于实际存在之对象者愈多，而愈广大。所以我们在求普遍之理并逐步归约到更普遍之理时，我们求真理之心便不复是只向外指的，而似是逐渐向一中心收敛的。在其收敛之历程中，乃是将我们自实际存在之对象所发现之理，加以贯通补足，以祛除其间之冲突矛盾，直到最后求得一全部和谐之理，即绝对之理为止。求得此宇宙和谐之理、绝对之理，即求得诸真理之真理；包摄诸真理之真理，乃你求真理之最后目的。求此全部之理、绝对之理，乃你求真理的心之最高活动，亦即通常所谓哲学之活动。

你求真理的心之最高活动，是将你自实际存在之对象中发现之理，加以贯通补足，以祛除其间可能之矛盾。这即是把你之向外求真理的心收转来，把你在各时候向各种外物求真理的心收转来，而使此心所经过的由低至高之诸普遍之理，隶属于一求绝对真理之心；同时亦即将此"用以了解实际存在对象"之感觉经验、生命经验等材料，不向外用，而向内用，而隶属之于一求绝对真理之心。所以求真理的心之最高活动，是本于你较低的求理之心，以建设一逐渐接近最高的绝对真理之心。由此你将确知，你求真理的心，是自己建设自己的心。

第七章
附录：辨心之求真理（下）

第一节　辨绝对真理不在心外

常识：上次我们讨论到绝对真理，我认为我们人类虽可与绝对真理接近，并不能真获得绝对真理。所以我们并不能真建设一得绝对真理之心。

慎思：在实际上我们能不能获得绝对真理，那是另一问题。自一义说，我可姑且承认人类不能获得绝对真理，只能逐渐接近之。但我们现在所要说的，只是我们之求绝对真理，是为的"使我们之心逐渐成一得绝对真理之心"。你只要承认我们有去求绝对真理之心，你便得承认我们有"求我们之心渐成为得绝对真理之心"的心。你便得承认我们求真理之心，不只是向外指的，而同时包含有向内收敛的趋向，即要将用以求一般真理而为其边沿之感觉经验、生命经验等材料，以其自身为中心，而摄入于其自身之趋向。他是要自己建设自己的绝对自主的心。

而且自另一方面说，求绝对真理的心之不能在实际上成一获得绝对真理之心，正是成其为永远自己建设的心。因为他之不能

146

获得绝对真理，而只向绝对真理接近，正所以使他去求真理之心维持不断，随时有比较更高之真理阶段可达到，随时去建设一获得较高真理之心。假如绝对真理完全为他所获得，则他将不能建设一获得较高之真理之心。他当不复是自己建设自己的心。因为他已完成他所需要达到的目的，他不再求超越他过去之所有活动，亦无所谓自主不自主。他已不是自主的心，他亦就不复是我们所谓心，而失去我们所谓心之意义了。唯其是永远求绝对真理而永远不能真完全获得绝对真理，他才成其为自己建设自己之心，绝对自主的心，而成其为真正之心，所以我们说他是绝对动的心。

常识：假如绝对真理是我们永不能获得的，那绝对真理便永在我们求真理的心之外，我们的心便为绝对真理所限制了。

慎思：绝对真理可以说是我们永不能获得的，然而即这样说，亦不在我们求真理的心之外。因我们求真理的心，知以绝对真理为依归，即我们求真理的心已达到绝对真理。

常识：假如我们求真理的心已达到绝对真理，那我们何以又不能得完全的绝对真理。

慎思：我们所谓达到，只是意旨上达到、目的上达到。

常识：据我们普通求关于事物之真理的经验，凡是我们目的上达到、意旨上达到，在实际上某情形之下必可达到，今绝对真理既是我们所永不能在实际上达到的，便不能说我们目的上已达到，意旨上已达到。

慎思：但是我们通常求关于事物之真理，都是求相对真理、一定范围之真理。而我们今所说者是绝对真理。你不能用相对真理来概括绝对真理。

常识：我可说，我们求绝对真理时，我们是误以我们的目的意旨在绝对真理。其实我们所求的并非绝对真理，只是我们尚未清楚的在朦胧的意识中的相对真理。

慎思：但是在你的话里面，已承认有绝对真理。因为你若不承认有绝对真理，你便不当说人误以其所求之相对真理为绝对真理。你承认有绝对真理，即是你已想到绝对真理，你的心已达到绝对真理。

常识：在论理上，我很难逃出"我们的心自一意义说已达到绝对真理"的话。我只得承认在我们求绝对真理时，在意旨上目的上已达到绝对真理。那么我们即应当说绝对真理在我们求真理之心内。

慎思：你现在尚不能即说，绝对真理只在求真理之心内。因为你尚须深切了解：你求绝对真理之心，只是一绝对动的心，他在永远自己建设自己之历程中。他不断建设他自己以求了解绝对真理，他不停滞于任一阶段之自己；他莫有一定之自己。他永远发现他所认识之真理，存于更广大真理范围中，所以他亦不觉他所认识之真理只存在于他以内。

常识：那么你求绝对真理之心，便仍是与绝对真理自身相对的心。因为你求绝对真理的心，虽然不断的建设他自己，以了解绝对真理，而实现他的目的；然而他永不能真实现他的目的。他永不停止的求了解绝对真理，由一阶段至另一阶段，即他永与绝对真理对待。

慎思：你假若真知道求了解绝对真理之心，永不停止于其了解绝对真理历程中之任何一阶段，你便不能同时说他与绝对真理对待。因为他在不断了解绝对真理历程中，即同时克服此对待。

常识：但是他总有不能克服的对待。

慎思：你说他有不能克服的对待，你只是就某一阶段的他来说。你就另一阶段的他来说，则你将发现此对待之不存在。你若是把他之活动作一无尽之历程看，则你不能说他有任何不能克服的对待。你便不能说你求绝对真理之心，真与绝对真理对待。你不能只自一方看。你可以说你不能完全获得绝对真理，但你不能说绝对真理在你心外，与你心真相对待。

常识：现在我亦可承认我们求绝对真理的心与绝对真理不是真相对待。我可承认我们求绝对真理的心，在论理上可是一无尽的历程。所以在理论上，其与绝对真理间，无任何绝对不能克服的对待。但是你要注意：我们求绝对真理的心，在论理上虽可是一无尽的历程，而在实际上决不可能是。因为根本上，我们生命之年寿是有限的。那么在超越的形上境界中，我们虽可承认我们求绝对真理的心与绝对真理间之对待之泯除，可使我们求绝对真理的心得着某一意义的满足。然而因我实际上求绝对的心，不能是一无尽的历程；则我们实际上，求绝对真理的心，将永不能满足。在我们之生命史中，绝对真理终被关在门外，我们的心仍是被绝对真理限制住了。

慎思：你现在提出论理上可是一无尽的历程之求真理的心，与实际上并不能成无尽的历程之求真理的心之分别；说我们仍不免为绝对真理所限制，表面是很有理由。但是你要注意，我们所求之绝对真理亦有这两种分别。我们以前所论到，亦只是通常所谓论理上之绝对真理，而不是我们实际上所求的绝对真理。我们以前说过，我们之求绝对真理，即是把我们已知之许多真理加以贯通，使其互相补足，以袪除其冲突矛盾，而成一全部和谐之理。可见绝对真理之要求非自外来，而是出自我们已知之许多真理，需要互相贯通补足，以袪除其冲突矛盾。故我们实际所发生的求绝对真理要求之满足，并不在其他，乃即在：我们知识内部矛盾冲突之融化而成一和谐之全体。所以从实际上说，我们只要能将我们自己知识内部之矛盾冲突融化使之和谐，我们便可谓已求得实际上之绝对真理。此种实际上之绝对真理，是我们自己在实际上所必能求得的。因为一切矛盾冲突，都生于安排布置失当；而思想上安排布置之能力，则在我们自身，而不在我们以外。我们之所以觉绝对真理不能真获得，只因为我们把我们在以后任何时一切可能得的真理，都算进去。于是我们在论理上，遂先成立一绝对和谐而又包括无穷真理之全体。此绝对和谐之真理之求得，遂赖无穷之贯通补足之工夫。于是我们觉绝对真理为我们所永不能达到者。然而在实际上，则每得一次新真理时，我们若感矛盾冲突，则有一次贯通补足之努力，而可有一次绝对真理之求得。而在论理上我们成立"包括无穷真理之全体而有内在的和谐之绝对真理"时，我们同时亦当成立一包含无尽历程之求绝对真理的心。这包含无尽历程之求绝对真理的心，即适足以泯除其与此论理上之绝对真理间之任何对待，如我上面所说。所以你只当在实际上看，求绝对真理之心，如何求得实际上之绝对真理；自论理上看，求绝对真理之心，如何能泯除其与论理上绝对真理间之对待。你不当在实际上看：我们求真理之心，如何泯除与论理上绝对真理之对待。那是你思想上之混淆。你不能如此证明我们求真理的心，受了绝对真理之限制。

第二节　辨绝对真理之相对性与绝对性

常识：你说实际上每一次贯通之努力，都可有一次绝对真理之获得，那么实际上之绝对真理，便都是相对的绝对真理，因为有下一次贯通补足之努力，所获得之另一绝对真理，与之相对故。那便不能算绝对真理。

慎思：你说一次所获得之绝对真理，相对于以后获得之绝对真理，这是你自下一次获得之绝对真理中，看这一次获得之绝对真理。你是在论理上，假设下一次之绝对真理已获得，而看这一次所获得之绝对真理。你已不是自当下这一次我们实际上所获得之绝对真理本身，看绝对真理。你是以相对的眼光看前后之绝对真理，而不是以绝对的眼光看当下之绝对真理。

常识：我们为什么不可以相对眼光，自以后获得之绝对真理，看当下所获得之绝对真理？而必自当下之所获得之绝对真理本身看绝对真理？

慎思：因为绝对真理之所以成为绝对真理，其绝对真理性便在其自身内，而不在其自身外。这与普通相对真理不同。普通相对之真理性，可说不在其自身内。因为普通相对真理，必及于一对象。其真理性，在其与对象内容相贯通和谐间，而绝对真理则为诸真理之真理。其真理性，只在诸真理之彼此互相贯通补足而和谐间，或诸真理之互为其他真理之根据间，诸真理之各自超越其自身以证明其他之真理之间。我们所以不安于相对真理，唯由于相对真理之有矛盾冲突互相对待，而不见其互为根据互相证明而相贯通和谐。求绝对真理之心所求者，只此矛盾冲突对待之销除融化以得一贯通和谐。故当此矛盾冲突对待销除融化而得一贯通和谐之处，即我们达绝对真理之时。绝对真理亦即以相对真理间之矛盾冲突对待之销除融化，而相贯通和谐，为其功能与内容。而我们要认识绝对真理之所以为绝对真理，亦唯当自此贯通和谐处正显示，或我们求真理之心，当在此贯通和谐本身生活时看。因唯此贯通和谐之所在，乃绝对真理之绝对真理性之所在。我们不能自外以相对的眼光看绝对真理。我们不能自后一时所获得之绝对真理，看前一时所获得之绝对真理，遂说绝对真理是相对的。我们当自实际上，每一时所获得之绝对真理本身看绝对真理，而说每一时所获得之绝对真理是绝对的。

常识：但是你说实际上每一时所获得之绝对真理，你已将绝对真理与"实际上每一时"之时间相对了。

慎思：这只是因为我们说话，只能说已过去之事，只能在后段时间说前段时间，只能站在事之外面说。所以只得把时间的观念加入。你若执着言语，那么我们所说的永远是相对的。但是你若真了解语言之意义，你当知道其意义是指着所说之事本身；你当自能破除你的疑惑。

常识：纵然我们承认言语之意义，是指着其所说之事本身，我们仍有疑问。因为如果你说的是某一时所获得之绝对真理已是绝对的，那他自身便不当丧失其为绝对真理，为后一时所获得之绝对真理所代替否定。如果各时所获得之绝对真理都是绝对的，那便有许多并立的绝对真理，他们便互相对待而都成相对的绝对真理。如果只有最后所获得之绝对真理，才真是绝对的，那绝对真理便仍回到一论理的概念。我们生命是有限的，时间是无穷的。我们在实际上，永不能经验最后所获之绝对真理，那仍等于说我们在实际上不能获得绝对真理。

慎思：你的问题仍是生于你之不免自外面看，把绝对真理看成固定的真理。你假如真完全自内看，你将会懂得我言外之意，你这问题当不发生。我们已说过，所谓绝对真理，即存于相对真理之和谐贯通间，相对真理之去其矛盾冲突，融化其对待，即绝对真理之内容。所以绝对真理之获得，即在相对真理之逐渐和谐贯通逐渐融化而去其矛盾冲突之历程中。只要有相对真理之和谐、贯通、融化处，即有绝对真理之实现。我们时时继续相对真理和谐贯通融化之工作，即时时实现绝对真理。

如我们本书之融化各种理论之对待与矛盾，即在实现绝对真理。因为不同时之和谐融化工作，是前后自相映照自相贯通，前者包入后者，后者反抱前者的；则不同时所实现之真理，亦前后自相映照贯通，前者包入后者，后者反抱前者。所以你不能把不同时所实现之绝对真理，互相对待。因此绝对真理无所谓丧失其为绝对真理，只有真理内容之逐渐丰富、广大、充实，新的拓展扩辟，而无旧的之真被代替否定。你了解了新旧之不可分，你便了解我们前说有不同时所获得绝对真理，是因为我们不能马上指出我们的结论。但是你在现在已了解绝对真理之存在，你便当了解绝对真理之超时间性，你不当发生这些问题。你当说我们每一时所获得的，都是同一的绝对真理。他只是逐渐更实现他自己，我们的心也逐渐更实现他自己要求"成为得绝对真理的心"之自性。他不与他自己相对待，他不丧失否定他自身。因为如他再感矛盾冲突而丧失否定他自己本身，亦即是新的求和谐贯通融化之工作之开始，亦即他自性新表现之开始。他之似与他自己对待，只是他自己表现其自性有各阶段。这各阶段实都是他自性之表现之一部。因为他自性表现之全体，在时间上看是一不断之历程，我们只从外面看，遂把各阶段对待起来了。

第三节　辨求绝对真理之心之绝对满足

常识：我现在可承认在相对真理之逐渐和谐贯通融化之历程中，即有绝对真理之实现，见我们得绝对真理的心之逐渐完成他自己。但是你承认他在逐渐完成，他便不曾完全完成。他不能满足于他自己，即为他自己所不满足之处，所限制了。

慎思：但是你要知道，我们由绝对真理在逐渐实现他自己，而说我们求绝对真理的心总不能满足他自己；我们又是自外看，就论理上说了。因我们已说过：自实际上看，在每一时诸真理间之和谐贯通融化中，都有绝对真理之获得。如果你重新的注意这话，那你便当说，只要你现在能对于诸真理之矛盾冲突，正在加以和谐贯通融化，你现在已获得绝对真理。那你现在求绝对真理的心，便是完全满足了。因为你的心只活动于现在，你看你的心也当自现在看。你只自现在看你现在的心，你便当说你另外莫有求绝对真理的心，你另外也莫有未获得绝对真理的心。你说你现在尚有未获得绝对真理的心，你已是把你的心放在将来，看你现在。你觉你将来所认识之绝对真理，是比现在所认识之绝对真理更充实之绝对真理，于是你觉你现在求绝对真理之心尚有未满足之处。但是你如此看时，你已离开现在，你已不是在现在看现在，在实际上看你实际上求绝对真理的心。假如你真自现在看你现在，实际上看你实际求绝对真理之心；那你便不当说你所认识之绝对真理，尚有不足，你应当说你求绝对真理之心，是绝对的

155

在现在已完成了。

常识：假如我们真自现在看现在，说我们认识绝对真理之心，在现在即已完全满足，那我们便当限于现在所认识之绝对真理，不当求更充实我们所认识之绝对真理。

慎思：在我们看来正相反，你真自现在看现在，则你正不当限于你所谓现在所认识之绝对真理，而自然会去求充实你所认识之绝对真理。因为你所谓现在，转瞬即过去，为未来所代。你真自现在看现在，你即当随时间之进展，而自然求充实所认识之绝对真理。

如是，你求绝对真理的心，即站在时间之流上，在至变中不至失常，看见绝对真理自己充实他自己，你求绝对真理之心，自觉他自己在此"永远的现在"建设他自己，自觉他自己主宰他自己。他在逐渐完成所不满足于他自己者；然而他同时自觉其逐渐完成，于其逐渐完成之每一阶段，印证"其现在之有一绝对的完成"。"他立于不满足他自己处以满足他自己"了。他摆脱了任何限制。如是，你求绝对真理的心是绝对动的心，同时是绝对静的心。

常识：但是我们还要注意，我们求绝对真理的心，在其和谐融化各分殊的相对真理之历程中，常以非真和谐融化者为和谐融化，而且他常有暂时或终身无决和谐融化之分殊的相对真理。我们在实际上真感到我们求绝对真理时，成问题的都解决，一切冲突矛盾都解决时，是很少的。

慎思：我们认为我们终身无法融化和谐之分殊真理的矛盾冲突，是不存在的。我们能发生的关于求绝对真理的问题，而我们自身不能解决的，是莫有的。因为一切真理之矛盾冲突，都生于离开其自己最初所自发现之领域，而求贯通到另一领域，与另一领域之真理，发生矛盾冲突；而有和谐融化之必要。在此时，若各真理间，无相通处，以融合成更高之真理，而前进以成一和谐之系统；则各真理自然要求退归于其本位，而只自限于其特殊之领域，由如是退归以成就一和谐。所以当我们之心感诸真理之矛盾冲突时，我们总能加以化除。此心不能向前综合以达更高之真理，此心即回转，以从事于使各相对真理分别的自限于其特殊领域之事。他不能由综合以解决问题，他即可由分析问题所由成，以解决问题。所以一切求绝对真理所生之问题、所感之矛盾冲突，无不能加以解决或加以化除，使归于和谐之全体。诚然，在心不能前进以求和谐而开始逆转以求和谐之关键，此心似无所化除，亦无和谐之获得。但是他此时所化除者，乃以前之只知前进之心向。此心向即最初感矛盾冲突之原。他能化除此心向，即他已在开始实现和谐，已有一和谐之获得。至于所谓暂时未解决之矛盾冲突，只是你之加以融化以求和谐之心，所即将贯注于中，而使之不存在者。其本身只是一待克服的限制，其性质是消极而非积极的。你真求和谐融化的心，不会觉他之积极存在的。他并不能限制你求绝对真理的心。

你求绝对真理的心，绝对是没有任何限制的。你说他有任何限制的话，都是由于你之自外面看他，你不曾真自他本身看他。

假如我们以上的话，尚有不能解答你疑问之处，这当由你不曾自己反观你如是求绝对真理的心，或你并不曾真有如是求绝对真理的心；或当你反观你如是求绝对真理之心时，你不能紧紧的把握住你的对象，旁边的念头，把你反观的力量松弛了。

如果你真能继续不断反观你求绝对真理的心，我相信你会与我得同一的结论。你会相信他是在现在自觉他自己、主宰他自己、不受任何限制的心。

你求真理的心中，有求绝对真理的心。你真能反观你之求绝对真理的心，你即有在现在自觉他自己主宰他自己、不受任何限制的心。

我现在的意思，不是说你常有如是之求绝对真理的心。

我只是说明你有如是之求绝对真理的心，而建立你对于心之自信。你有一绝对动而又能自觉他之绝对动的心。你的心是自觉的将一切接触的外物、感觉经验、生命经验，都视作材料，集中于他自己，而建设他自己于其上的绝对自主的心，因而又是绝对静的心。你自信了你有如是不受限制的心，你才能更自信你的心在你全生命活动中、全宇宙中的地位之重要。

结　论

常识：我们今天讨论的问题太多，希望你能将我们今天讨论的问题之发展简单的重述一遍。

慎思：我们今天的问题，是从你问"我们如何能保证心以后必能继续不断的克服其限制"开始。我们于是指出律则之永恒性、律则之普遍性，以指出心必能继续克服其限制。到此你的问题便转变了。你说心只能在其限制上活动，只能在"非心"上建设他自己。我们以下便是对付你这问题，说心可自觉的运用自觉力，是一绝对动的中心。心自觉的运用其自觉力，即见心能以其自觉力，去统率、通过一切外物、感觉经验、生命经验，且是一"将其边沿摄入中心"之"生命活动的中心、宇宙的中心"。我们为要证明此点，乃以我们必得真理的心，为自觉的运用自觉力之例。我们又为要说明我们期必得真理的心，是自觉的运用自觉力，与自然判断之不期必得真理之心之不同，于是我们首先指出真理之超于主观的心。我们说：期必得真理的心，是一客观的心。我们于是指出此客观的心，是一自己建设自己的心，即自觉的运用自觉力之心。我们于此用客观的心之名词，是为的便于对"我们期必得真理的心"之了解，而对于所谓自觉的运用自觉力一观念更易于把握。以下我们即说明我们在求真理时之自觉的运用自觉力，如何将一切外物、感觉经验、生命经验，都使之统于自觉力之下，为自觉力所通过。我们首先对可以感觉经验证实之外物判断为例。以下论：对自己之判断、对不能以感觉经验证实之外物构造之判断等各种求真理之活动。再下论：我们最高之求真理之心、求绝对真理之心，以确立我们之自觉的运用自觉力之心，是一真能自己建设自己的心、真正自主的心，能将其边沿摄入中心之"生命活动中心、宇宙中心"。

第七章较难懂，故列为附录。你提出绝对真理能不能为我们所达到的问题。你首先自论理上之绝对真理之永不能完全获得，怀疑到我们求绝对真理的心，是能建设他自己的心。我们即答以：绝对真理之不能完全获得，正所以使我们的心在求真理时，真成为自己建设的心。你以下又问：绝对真理能否为我们所达到，在我们心内或心外，与我们的心是否永相对待诸问题。我们的结论是：在理论上你不能说绝对真理在你心内，但你亦不能说我们的心与绝对真理是永远对待的。再下一节你即讨论到实际上，绝对真理在我们心以外的问题。我们即说：真自实际上看，绝对真理乃随时为我们所获得。因为绝对真理之意义与相对真理不同，绝对真理乃即在把相对真理加以和谐融化贯通之历程中。再其次你问到：实际上所获得绝对真理与时间之关系，你怀疑到我们实际上所达到的绝对真理的绝对真理性。我们于是论到：不同时之绝对真理，是同一的绝对真理，自己完成他自己之诸阶段。再下一节，你由绝对真理有未完成之阶段，怀疑到我们实际上求绝对真理之心之仍不能满足。我们于是说：自实际上看，时时皆可有绝对真理之获得；说你当自现在看你现在所获得之绝对真理。你当说你求绝对真理之心，是在现在绝对的满足的。再后我们又说明：在现在绝对满足的求绝对真理的心，即随所知绝对真理之扩大充实而扩大充实的心，是站在时间之流之至变中之至常，是自觉他自己建设他自己的心，是在他不满足于他自己处，满足他自己之至动而又至静的心。最后我们说：你若真自此心之本身看此心，则一切暂不能解决之矛盾冲突，对此心都不是真实的存在，而只是一待克服的限制。所以此心是绝对的在现在自觉主宰他自己的心、不受任何限制的心。

由此可知我们有不受任何限制的心，可自信心乃在自然宇宙间占重要之地位。至于心在自然宇宙所作之重要事业之全部，则除由心之求真理而产生之科学哲学外，尚有心之由求美而产生之文学艺术，心之由求善而产生之道德、政治、经济、法律、教育各种文化。由文化之延续，而有人类之历史。我们如果能从人类之各种求真求美求善之活动所形成之人类文化、历史去看，我们将了解由心之主宰作用，所形成之人文世界、人格世界之无上的价值；而益知心在自然宇宙之重要。这在本书中，已不再讨论。下部数文，可以略补此中所缺。如读者于本书不能理解处，读下部之文亦或可帮助其理解。

人生与人文

第二部

第一章
"生命世界""心灵精神世界"之存在性与客观性

一 所感觉的物质、直觉的生命与自觉的心

我在本书上卷中论物质、生命、心与真理，并自心之求真理上说心是宇宙的中心，但并未泯除心灵的、生命的、物质的各级存在之差别，亦未预备讲真正的唯心论或唯神论。那将引到太玄远的思想，一般读者可暂不研究。我在此书中只预备以一种广泛的存在论，来代替唯物的存在论。物质的存在与实在，我们一点亦不否认。我们同一切唯物论者，一样的坚信。我们只是要说明，物质的存在只是一种存在，而存在者不全是物质。如猪是一种动物，而动物不全是猪。我们重在说明生命、心灵精神，亦是一种存在，一种实在；宇宙间不只有物质世界，且有生命世界、心灵精神世界。而且他们在全部存在世界或实在世界之地位，尚居于高一级之地位。因而可谓是更富真实性之存在或实在。我们至少要根据此种思想，我们才能讲人类文化世界、人格世界之实在，建立我们之文化理想，确定我们"对人类文化之保存与创

造"之责任感与热忱。

人们之所以容易相信：宇宙间只有物质是最真实之存在，只有物质世界是最真实存在世界，除掉唯物论者之曲曲折折的论辩，这本书上卷已加讨论外；其根柢上之理由，即在物质似乎是眼可以看，手可以摸……而直接感觉到的。一般人皆重感觉性欲望的满足，总以可感觉者为最真实的。人之心，却是看不见、摸不着，因而似乎是虚玄不实的。但是读者们，我希望你不要以为，你们之感觉是唯一能认识"存在"与"实在"者。你们不要以为，只有可被直接感觉的，才是真实存在的。你必须知道不可由感官来感觉的你之心与生命，亦是真实存在的。你的心，你虽不能由感官之感觉来知其实在，但是你可以由自觉由反省，而知其实在。你不能说，你不能反省不能自觉。因为我们前说过如果你主张：你不能反省，不能自觉；你已是在反省"你之不能反省"，你已自觉"你之不能自觉"了。你如果说你莫有心，我便可指出，你能知道"你莫有心"，此"知"即表现你是有心的。我们这种反证法，你是无可逃的。若你要说，因为你的心人的心，你看不见摸不着感觉不到，便不存在。你的理论，是一点亦经不起驳的。你不能说"存在"的意义，等于"被感觉"或"感官感觉到"的意义。这另有一简单的证法，即如果这样，我就要请问：你如何知道你有感觉存在？你能用感官来感觉"你之感觉"自身吗？你看，你能自己看"你之看"吗？你听，你能听"你之听"吗？你能听声音，你的"听"本身，却莫有声。你能

166

看颜色，你的"看"本身，原莫有颜色。而且正因你之"看"原无颜色，故你能看各种不同颜色。你之"听"原无声音，故能听各种不同之声音。故你看时，你决不能自己看"你自己在看"。你听时，不能自己听"你自己在听"。然则，你如何知道你在看在听呢？朋友，你要知道，你之所以能知道你在看在听，只是因为你对于你之感觉活动，有一自觉，有一反省。你能自觉能反省，即证明你有心，心之本质即见于自觉或反省。你有心，而知感觉存在。感觉亦附于心而存在。如果心不存在，则你纵有感官接受了刺激，你只是视而不见，听而不闻，你将无所感觉。至少你不能自觉你感觉存在，不能说你有感觉存在。如果你不能说你感觉存在，那你亦不能知你所感觉的物体之色声香味是存在；你也不能说，物质的世界是存在了。所以你决不能说只有被感觉的物质世界，才是存在的。你必须说：不可感觉，只可被你反省自觉之心，亦是存在的。如果你否认心之存在，你便必然要陷于自相矛盾，而且连感觉之存在，物体之存在，都莫有理由可以加以肯定了。这一点我希望，你细细想想，把他参透。然后你才知道，除你所感觉之外面的物质世界是存在的外，你尚有你能反省能自觉之心，所反省所自觉之内心之世界，精神之世界之存在。

人可以由感觉而接触外面之物质世界之存在，由心的自觉反省，而知其内心的世界之存在。但是人不只有心，还有生命。人死了，只留下躯壳，便只是一死的物质。人未死时，人总是有心。但心未必表现明显之自觉。如你酒醉了，睡眠了，你的心便无明显自觉。而你一日未死，你的生命总是存在。你的心可无明显之自觉，然而你的生命却无时不在活动。在酒醉时，睡眠时，你肺仍在呼吸，血液仍在流动，胃中的消化仍在进行。此时你生命之存在是无疑的。可见生命与心之意义，又有不同。许多生物，亦许莫有心，但他仍有生命。心是不能直接由感官来看见，心自己能自觉他自己，以心眼看见他自己。无心的生命，不能自觉他自己，但我们亦不能用一特殊感官，去看见生命。因生物的生命之本身，亦是莫有特殊的颜色，莫有特殊的形状的。生命活动，离不开身体。然而我们前已指出生物的生命，又不在生物之身体之那一部分，而遍在生物之身体之各部之相依关系间，且表现于其身体与环境之关系间。所以要指生物的生命，在其身体中部位，以一特殊感官去看见他亦是不可能的。我们只可以由：我们对一生物之各种生命活动，分别的加以感觉后，再加以贯通融合，而对一生物之生命之存在，有一直觉。所以我们可以说物质的存在，是有形的，心灵的存在精神的存在，是无形的。生命的存在，则在有形与无形之间。生命本身是无形，然而他又表现于有形之各种生命活动之中。物质世界"可以感觉"。心灵精神之世界，则初不可感觉，只可自觉。生命之世界则初只可透过感觉来加以直觉。人不用心而睡眠时，人不自觉其存在，却朦胧的通过其对于呼吸血液之运行之有机感觉，而直觉其是活着。大约无心的生物，都是在朦胧的直觉下，在生命之世界中活着。物质世界、生命世界、心灵与精神之世界，是同样实际存在着的世界。

无生物、生物与人类，是分别或同时存在于此三种世界中。这三种世界，亦可说是一整个的客观存在的世界之三种面相。

二　生命心之客观性

你如果怀疑此生物之生命、我们之心灵与精神，具客观存在的意义，你可试想想：你所谓客观存在，原是什么意义？譬如你说那门前的物质的山水是客观存在的，天上的日月星是客观存在的，是什么意义呢？我想你之客观存在一语，只能包含二个意义。一是如我们前所说，他们不能由你随意的主观幻想来加以改变，而有一坚固性；一是说他们是人人都可感觉的公共事物而有公共性。你试想：除了此二种意义外，所谓客观存在与主观存在，还有什么分别呢？但是我很易指明，人或生物之心灵与生命，虽对自己可说主观的东西，然从另一方看，对此人此生物以外的观者，或人超出他自己来反省，即是客观存在的。譬如你说物质的活动是客观的，因为你不能随意改变他，是不错的。但是你要知道：生物的生命活动，他人的心理精神之活动，亦不是你所能随意改变的啊。物质的存在，有其客观的坚固性，生命的存在，与心灵的存在、精神的存在，岂不亦有其客观的坚固性？当雷鸣电闪时，你固然不能随意要他不鸣不闪。但是你要知道，当一小狗饿了，需要食物时；一猫春情发动，要求配偶时，你亦不能随意要它不满足其生命的要求。一个原子，你固然不能任意破坏他。一个生命的生存意志，你仍然不能任意破坏他。当他人心里高兴时，你不能随意使他不笑。当他人厌恶你、离弃你时，你亦不能随意希望他人回心转意。倒了的水，你不能一一收回来。失去了恩情的夫妇，亦同样难于再合。人的情感意志之坚固性，不是同物质之坚固性一般吗？而且一切物质的形状，尚可以外力强迫改变，而人的情感意志思想一决定了，却可以宁死不屈。这不是比物质之坚固性更强吗？若果因物质有坚固性，不可随我们之意而加以改变，故有客观性；则一切他人之心，不是对我有同样的客观性吗？不特是他人心意如此，就是我自己之心意，我们实际上亦必须依一定的程序、一定的理由，才能加以改变。当我之习惯已成时，我们须依一定之程序才能改变之；亦正如我们之改造任何外物，须依一定之程序。当我们自觉我们之行为正当时，我们无理由可以改变我们的行为，我们便可坚执我们之行为。这不是同于若无使日月改变轨道之原因，作其改变轨道之理由，他们便不会改变轨道一样吗？所以不特他人的心意，对我们有坚固性客观性，而且我们之已成之自我，对加以反省之自我而言，不是亦有相当的坚固性客观性吗？

其次我们要知道，物质的存在固然有一公共的客观性；生命的存在、心灵精神的存在，亦有一公共的客观性。诚然，我们通常说一个人的心灵与精神特性是个人私有的，一个生物的生命的特性亦是一生物所私有的。但我们又何尝不可说，任一物之特性亦是那一物所私有的呢？从一个东西之特性本身上看，我们可以说宇宙间一切存在的东西，都可有其私有之特殊性。但是，当我们从宇宙间一切存在之特殊性之表现上说，则一切存在之特殊性，在原则上，无不可向各方面作同一或类似之表现，而成为公共的，同时在原则上成为人人所可同了解认识的。当物质的存在之方圆长短、色声香味等性质，表现出时，固是我亦看见你亦看见，而显其公共的客观性。但是，当一生物之贪欲表现于其驰求的动作时，当一人之愤怒表现于其颜面与声音时，当一人之思想表现于其言语文字时，不是亦在原则上人人都可公共了解认识吗？诚然，当一生物之欲望，一人之情感与思想未表现出时，他们只在生物之内部、一人之人格之内部存在，而为主观的。但是我们又何尝不可说，物质未表现其能力而由能力之表现，见其特性时，此能力此特性只存于一物之内部，而为它主观的呢？不过以物不能自觉而不能自观而已。所以无论说客观性与主观性，都是物质的存在、生命心灵精神的存在所同有，你如何能说生命心灵只是主观而非客观的呢。

三　充满生命与心灵之自然观与社会观

如果真了解了我们上之所说，便知我们通常说生命之存在、心灵精神之存在，只是主观的，客观存在的世界中只有物质，真是错误到万分。此说若有一点是处，亦只是因为人之心灵精神内容，太丰富了，太曲折细密隐秘了。生物之生命欲望与情绪，其表现于外者太少，或者我们常把他们忽视了。然而这却不是说客观世界无心灵精神之存在、无生命之存在。只是我们主观方面之了解认识、同情之力，太薄弱了。实际上只要我们扩大我们了解认识的范围，扩大我们同情的范围，我们便知道：我们不仅可以感觉他人之外表的声音、相貌、生物的动作，而且可以透过感觉，去直觉生物的生命要求、欲望、冲动、意志之为一真实不虚之存在；去同情的了解他人的喜、怒、哀、乐、希望、恐怖、怅惘、留恋、叹惜、祈求，他人之一切理想、思想……各种心理，为一真实不虚之存在，而知生命世界之广大，心灵与精神世界之广大。

朋友们，你可曾想到：地球上的生物，已有数百万种？你可曾到那自然界去看，遍郊原的青黄碧绿，想他们都在欢呼生命的胜利？你可曾想到随便一滴水中，空气之任一小部分，在显微镜下，都可发现无数的微生物？你可曾想到：在千丈岩石之隙中一株小树，无涯的沙漠中一片草原，这中间，都包含着宇宙的生命意志，展现着天地的生机？在冰天雪地中，几条海狗之相偎相倚；蚁穴之旁，二个蚂蚁之轻轻一触，这中间都有生命与生命互相感通的情谊？你又可曾想到：任一株花树，都在潜伏的希望，其花花结果，果果都落在地上，生芽长叶，遍野成林？你可曾想到：邻家的猫在叫春时，都在潜伏的要求，与他猫交配而生出小猫，小猫再生小猫，而万代不绝？生物为了求自己的生存与种族的生存，有他的阻碍，有他的艰难、困苦、失败与绝望。然而任一生物都潜伏着：散布其子孙于全地球全世界之无尽的生命意志。天空中的星球，究竟有莫有生物，我们不知道；亦许其生物之形态，与地上之生物不同。但是纵然莫有生物，只要生物能适于在上生存，我们可以相信任何生命都在潜伏的希望把他的子孙，遍布一切星球，充塞宇宙。我们这话，难道不是真的吗？我们从这种地方想，则对生命意志之真实，我们还能怀疑吗？生命意志潜伏在生物身体之内，然而其表现则溢出于其身体之外，及于其环境，及于其无尽的子孙。这不是有无尽广大的潜伏力量的吗？宇宙间不是客观存在着一生命意志所主宰之生命世界吗？

至于在客观存在之世界中，有心灵精神之存在，更不能怀疑。譬如你的父母你的妻子，对你的爱惜，对你的情谊之存在，你能怀疑其客观存在吗？又如当一朋友对你点头，对你忠实时，你能怀疑他对你之敬意好意之客观存在吗？你不能说：当你的父母妻子对你表示爱护，而与你衣与你食时，只是一物质的手拿一物质的衣食与你。你要知道：这衣中，这食中，即有他们之情谊在。他们持衣食与你时，他们之情谊，即透过他们之动作表现出来。你亦即透过对他们之动作之感觉，而直觉的接触到、同情的了解到，他们之情谊之客观存在。于是即在他们未表现情谊时，如他们睡眠时，你看他们睡眠时的面孔，你还是可以相信在他们之心底，潜藏着对你之疼惜与关爱。所以当你父母妻子睡眠时，你忽然大叫一声，他们便马上会醒来，而将其心底之对你之情谊表现出来。以至于他们纵然死了，你仍可直觉他们对你之恩情还在，竟然刻骨铭心，永不能忘。这不是因为你相信你父母妻子对你之情谊，是一真实不虚之存在之故吗？实际上，你无论走到什么地方与任何人接触，你都处处可觉到一客观之他人之心灵或精神之存在。这些人亦许对你爱慕，亦许对你尊敬，亦许对你漠然、对你仇恨、对你轻藐。然而此一切的一切，同表现他人的心情，对你为一客观存在。他们之爱敬或可不寄于你，然而他们之爱敬必有所寄，如寄于他们之家庭或他们师友。所以当你在街上看见千千万万的人过来过去时，你决不能想这只是行尸走肉。你只能想，他们每一人，都是为"对你为外在而客观"之目的或理想，而努力而活动。他们都心中有事。他们都在为他们自己、为他们所关爱尊敬的人生存。他们亦许穿着同样的衣服，在工厂中作工、在医院中作护士。然而他们各人有各人不同的愿望与情感，不同的思想，不同的笑声与眼泪。他们各有一心灵或精神之世界，与他们之身体连结。所以世界上千千万万的人们，即有千千万万心灵之世界、精神之世界。我们以为街上的人们，只是如许多影子一般，或只是一二百磅之物体过来过去，我们就犯莫大的错误了。我们要知道，人之一切身体之动作，都在表现人之心灵、人之精神。人由身体之动作、心灵精神之活动，而后有各种文化之创造、各种人造之器物之存在。所以一切文化、一切人造之器物，亦都在表现人之心灵与精神。由是而我们可以从任何人类之文化创造、人造器物中，处处透视客观的心灵世界、精神世界之存在。所以我们必需自觉的认识，我们所穿的衣服中，即有裁缝的心血；我们所食的食物，即有厨夫的心血；我们所用的桌椅，即有工人的心血；我们所读的书，即有古往今来无数学者圣哲的心血。我们出房屋到街上，我们走的是石头或水泥的路。但是我们知道此路即无数的修路者之心血之所成。我们实是在无数修路者之心血上面行走。我们到郊原，我们看见漫山遍野的农作物。我们便当知有无数农人的心血在禾黍中飘荡。我们到图书馆美术馆，便当知无数作者的灵魂，都在书架画架上往来，若闻其声、若见其形。我们在人类的文明文化文物中生活，我们即在人类的心血的世界中生活。客观存在的文明文化文物，处处显示我们以一客观的人之心血之存在。我们还能以为客观存在的世界，只有物质而无心灵与精神之存在吗？我们是太盲目，对于客观存在之世界之认识，太浅太狭了。我们应当放开我们的眼界，扩大我们的胸襟，拓展我们的同情了解范围；知道真实存在的世界范围之广大，与内容之丰富，知道客观存在的世界中，不只有日往月来，水流山峙，而且有鸟啼花笑，草长莺飞，洋溢着无尽的生命；知道一切人的扬眉瞬目，运水搬柴，任何人对自然之微小的制造与工作，都在昭露人的心灵之动、精神之运，由是而亲切的自觉：我们在人间社会文化中，过最平凡的日常生活，即在一心灵精神所充满之世界中生活。我们才算真了解了客观存在的世界，是如何的一世界。我们然后能对客观存在的世界，对天地万物与人有情。

第二章
人心与真美善

一 人有求真善美之心

　　我们说：人是生物，然非一般生物。人之特征在其心灵与精神之活动。人由此而于求自己生存生子孙，以保存种族之外，能以无私的心情去认识无利害关系事物之真理，欣赏无利害关系事物之美；以至对于自己之子孙、自己之种族之外的其他人类与生物，表示同情，致其仁爱。人复可以为了实现真善美等，而节制物质欲望，独身不娶，牺牲自己生命等。这一种人类之心灵与精神活动，常常可以超出单纯的生物本能，而抱一目的，是无容否认的。当西洋第一个科学家哲学家泰利士仰观天文时，便曾一路走，而落到井里。当时人们便讥笑他说：哲学家仰观天象，竟忘却身落在井里。这即是人为了求真理，可以忘却其身体之生存问题的证明。希腊的几何学家，欧克里得教学生几何时，学生问学此何用。欧克里得便命一仆人，给他一钱说："钱有用，我之几何学是莫有实际用处的。"近代的大科学家牛顿，一次把表当作鸡蛋来煮。人如果只是一求食的动物，亦决不会辨不清表和鸡蛋的。这一类的故事，是太多了。这都是证明人之求真理，决不是直接为生存。我们亦不能说，只有学者科学家才如此。实际上纯粹求真理的心是人皆有之的。好奇心、了解宇宙人生之秘密之心，不是人皆有的吗？我们每人只要自己反省，便都会承认。其次，人不为生存之求美心，亦是人皆有之的。一个小孩坐在江边，看落霞与孤鹜齐飞，秋水共长天一色，便会出神。任何人看了一张好的图画，听了一曲好的音乐，看了一场好戏、好电影，都会眉飞色舞。究竟此与人的生存欲望保存种族本能之本身，有什么关系呢？谁也说不出。其次人对他人，或对物之同情心、仁爱心，若纯用生物之爱子孙爱种族之本能来讲，亦是讲不通的。我们看生物诚然亦能爱群，如牛羊一群一群在山坡上互相偎倚，其间亦似有无限的亲密。蜂子蚂蚁，一天不断的采花酿蜜，采集食物，养小蜂小蚁，亦能为其群而牺牲。但是一群的牛羊，在此决不会想到另外一群的牛羊。蜂子分封以后，彼此便不再相照顾。不同巢穴的蚂蚁，总是互相战斗。然而人类则可以坐于一室之内，而遥念天下之人民。人类中家与家国与国虽常相争，然而人人都有天下和平的理想。以至对于非人之动物植物，只要莫有明显的利害冲突，人都可以对之有情。对于动物，人常能见其生不忍见其死，闻其声不忍食其肉。以至最可恶的老鼠，人有时亦觉他怪可怜。所以中国诗人说"爱鼠常留饭，怜蛾不点灯"。一花一木，人与之分离时，人亦有不忍之心。所谓"一花一木寻常物，到得离时倍耐看"。因此中国的儒家说人之仁心，是无所不运，而与天地万物为一体的。人在平心静气，莫有私欲时，不是都能对于一切人类一切生物都有情吗？这一种心境，我们能纯用我们个人之爱自己爱子孙爱种族之生物本能来讲吗？

二 人心之特质在能自觉

现在的问题是：人既然是生物，何以又能超生物之本能，而有无私的求真美善之心呢？其实，此中关键全在人之自觉。因人能自觉，自己反省自己，自己知道自己，亦即能自己超出自己，以扩大自己，如此他便有无私的求真美善之心了。这我们在"人心在自然界之地位"一章中曾提到，今试引申其中之义，再加以说明。

我们之自觉心之最低之表现，即是：一种经验，虽然已过去，我们还能再回想他。譬如，你看见太阳落了山，暮色苍然来。但是你可以撇开暮色，自动的回想刚才所见的太阳。无论你方才经验过的是什么，你只要停下来回想，你总可回想到一些。人心的能力之表现，首即表现于他能记忆，能反省，能回想。而且你还可反省你的反省，回想你的回想。这一种能自觉自己而回想自己所经验的能力，人人都有。这却是一种最奇怪的能力。从一方面看，似乎人以外之动物，亦有记忆能回想。当主人回来时，狗便摇尾。每次摇铃时，与狗食物，则下次铃声响，狗便跑来，口中早已流涎了。这些似证明，狗能认得主人，能记忆得过去的情境，因而亦似乎能回想能自觉。不过，照我们看来，动物之记忆，很难说是自觉的记忆，回想的记忆。主人回来狗摇尾，狗所有者，可只一种感当前经验与过去经验相同之一熟习感。熟习感不一定附有自觉的回想——如人见一人觉好面善，此时是有一熟习感。但是我们却常不能自觉的回想过去在何处见过。狗闻铃声便跑来，则可视如小孩之手被火烧过，下次见火便缩手。然而小孩却很可能记不得过去何时被火烧。所以，以过去经验为根据，所形成之熟习感，及行为之习惯，与明显之自觉的回想不同。动物之类似有回想反省之行为，都可能只是一熟习感与习惯行为。这样说来，则纵谓动物有心，亦不能说他们有像人一般之能自动的自觉的回想反省的心。我们另外有种种证据，可以见出只有人才有能自觉回想之心。今暂不讨论。人之有自觉的回想反省之能力，其意义与价值，我们可以说有二：第一点人在将过去经验加以自觉的回想时，人即暂时超越他所感觉的现实，忘掉他现在的自己，而若回到过去的自己；同时，使已经过去的不存在的事物，宛然重现。所以人已老了，童年的故事，可宛然在目。离家已远了，家园仍历历如画。这一种回想的能力正是一能使不在现前之事物再现前，已过去而不存在的事物，重新存在之能力。本来时间之流行，原是一往向下流的。已去的，便一逝不回了。然而人之自觉的回想，却可以把已在所谓客观的物质世界，现实的生命历程中消失了之事物留驻。使已不存在者，不"不存在"而存在。这即是人心之回想对于自然的时间之流行，所作之一翻天覆地的事业。他之保存过去之所经验者，并非只是让过去经验所形成之习惯，来决定他现在一切。因他在回想中，他同时知道所回想的事物，不在现在，而在过去。他亦明知他所回想，在所谓客观之现实的世界中是不存在，而只是在心中存在。由此而他在回想时，他便是以现在的回想，反贯通于过去，因而连接过去与现在。他是在现在与过去之上，统一现在与过去。他好比是在时间之流上，搭一个桥，以使现在与过去之经验事物之内容，互相来往。他一方站在时间之流上，使"不存在者"不"不存在"，而一方即显示他自身，具备一使不存在者存在之大力，能去存在那已不存在者之大力。因而又显示其自身具备"否定不存在，而肯定存在"之原理以为其性者。人有自觉的回想反省之能力，其第二点的意义与价值，是当我们回想过去所经验之事物，而使之重现时，我们必同时知道此重现者，只在回想中，我们不能运用感官，在通常所谓客观现实之世界中加以感觉。我们回想中之世界，可以任意的展开。我们可以回想儿时的师友、儿时的游戏，与一切的一切。然而我们所回想的，如果不说出，谁亦不知道。这是我所独知道的，如夜间的梦，只为我所独知。因而我们回想中之世界，便真是一内心的世界，而与感官所直接接触之外在世界相对的。我们有一内心的世界后，我们方真有自我之观念。我们方能说我如何如何，什么是我作的事等。由是而我们遂可说回想的世界，即我们自己建立的世界，我们自己使之存在，而存在于感觉的世界之上之一世界。

三　由自觉到真理与知识

但是心之自己建立一回想世界，只是心之建立其世界之第一步。回想所得，皆过去所经验的，心不过重现之，如以镜子把他们再反映一次而已。然心之工作决不止于回想。他亦很少单纯的作静观式回想。心之回想，常同时是要根据回想来了解现在所经验之事物。如人到了久别的家乡，便要回想此道路是如何的，以定现在如何走到家园。人由回想，于是能比较所得之诸经验，所保留之诸观念，加以抽象、分析、综合，而形成概念，知道许多道理。再以概念与所已知之理，解释当前之事物，我们遂能对于当前之事物，作各种判断推理。此即内心之世界与现实之世界之再度贯通。而当我们对事物解释判断正确时，我们即获得关于现实世界之真理与知识。我们不断的回想、反省、比较、抽象、分析、综合、推理、判断，以现在的经验与我内心之思想互相印证、交参、校正；于是我们知识一天一天的广大，世界事物的真理一天一天对我昭露显出。本来，凡物皆有理。物体有物理，生物有生理。而凡理皆有普遍性。一类事物之理，贯通着不同时间空间之一切同类事物。然人以外之一切物，皆不能自觉其自身之理。生物之理如潜藏于生物中，物体之理，如潜藏于物体中，好像封闭在那儿。世界上只有人能对理加以自觉的了解，使一切潜伏的真理昭露显发于自觉的心灵光辉之前，如在光天化日之下。

亦只有人才能体验真理之普遍性，与其贯通不同时空之同类事物的功能，由此而发现客观世界，亦原是一统一贯通的世界，人之心灵的光辉亦原是一统一贯通的光辉。人亦才知其自我是一统一贯通的自我。又因真理之普遍性，不同时间空间的人，可共信一真理，而真理即可将不同时间空间的人心，统一贯通起来。然后人类社会亦才能更成一统一贯通的社会。这些都是人之求真理得知识之本身的价值。其次，当事物真理为我们认识时，事物之一切，对我们便如成透明。我顺事物之自然之理去改变他，我们便可费力少而成功大。因而自然在我们之前即变成柔顺。我们可以求备足某些原因，而使某些东西存在，我们亦可备足某些因，使某一些东西不存在。于是我们即能改造自然，利用厚生，以使自然存在之状态，较适合我们之人生目的，使存在之自然物，均与我们生命之存在互相和谐。然而这些只是知识之实用价值。这尚是次要的，亦是人所共知，可不必多说。

四　由自觉到想象之美的世界之发现

人心之能自觉，一方使人能形成概念，建立知识，发现真理之世界。另一方即使人能审美，发现一美之世界。我们固可不否认自然世界之有美与真理。美之本质在和谐、在差异复杂中之统一、在特殊中之普遍。凡一实在的自然事物，都不只表现抽象普遍之理，同时表现其理于特殊差异复杂之具体现象中。由是而一切自然事物，皆可说：能多多少少表现一些美。天高地阔、桃红柳绿、鱼跃鸢飞之美，固可说是自然原有，而非人心所臆造。但是我们虽可承认自然有美，然此自然之美却恒非自然物自身所能知。此美恒在各自然物之关系间，而不在自然物之本身。如柳绿桃红之美，在二者对较关系中，而不必在柳与桃之本身。所以只有能自觉其所感觉之不同之物的相互关系之人心，乃能发现自然之美。若无人心，则"天地有大美而不言"，此美即如在混沌中。故山川虽好，而无佳客，则山川亦为之寂寥。由此可见自然之美，亦如自然之真理，同必待人们之自觉的心灵光辉之照耀，乃得昭露显发如在光天化日之下。而且人心除能欣赏自然美外，又能根据其自觉的回想，而将过去所经验之具体事物之印象，分解、拆散，再组合构造，由自由想象以发现自然以外之美之世界。人之有自由想象的能力，犹如人之有自由思想之能力。思想上之分析综合，是要归于抽象之理之认识。想象上之拆散组合，则只归于具体的意象之形成。我们可以由想象把鸟之翼拆了下来，放在天真之儿童之身，而成一小天使。我们可以想象花化为美人，在枝叶上凝思。我们想象中宵的繁星万点，是天上的渔灯。我们想象星河旁边之牛郎织女，在怅望盈盈一水间，而"脉脉不得语"。想象中之材料，都是由经验的感觉界中取来。但我可把他们分别自原来所在时空，所连系其他事物隔开游离，重新加以融铸。在我们想象中，可以把小的变大，在一花中看一世界；可以把大的变小，视世界如一沙尘；把远的变近，如千里姻缘一线牵；近的变远，使隔帘如隔万重山；把将来变作现在，而笑逐颜开；把现在视如过去，而如梦如寐。在想象中，可把无情物视若有情，又可把有情视作无情。在想象中，我们把日常生活中事物之时空关系，完全分解拆散，而可任我们重新加以组合构造，我们由此而真建立可以自由创造的内心世界，而其中有美。

　　我们之想象，原即有一自然趋向，要去构成美的想象，而不愿构成丑恶，或干燥、毫无意味的想象。因我们之想象，常是向往一和谐。我们常在日常生活得不着什么、缺什么、觉什么不存在，才去想象什么。譬如一少女，日间等她的情人不来，她迷离地便想象他来了，夜间便会梦见他真来了。在梦中，她还会再问"这是梦吗？"他会回答不是梦。直到醒来，她才知此实是梦。然而她同时知道作了此梦，到底比不作此梦好。此少女便应当感谢使她有此梦者。此即是她自己能作想象的心。她此心因为具备"要补足其所缺憾，使不存在者存在之原理"，所以她才能作此梦而幻现梦境。所以想象必向往于和谐。一切和谐，便都是一种美。我们想象之活动，只有在自然界存在之美的和谐的事物前，才可得一休息。所以若我们所想象之美的和谐的境界，自然界莫有时，我们即想法，去补自然物之美之所不足。由是而有"表现我们所想象之美"的文学艺术创作。在文学艺术创作中，我们即实际的增加了充实了自然中所具之美。（优美皆依于和谐。壮美中亦有似相反相矛盾之内在的和谐。此问题，今姑不详论。）

五　由自觉到善与仁心

由人心之能自觉反省回想，除一方面使人能了解真理，能体验美以外，再一方面即使人能自觉的求善。什么是善？善必表现于意志。意志所想实现的，圆满地被实现了，即是一直接对自己之善。所以自然界中，一切生物得完成其求生意志或生殖意志，我们都可说他们已实现一善。推广说，一切宇宙间之事物，有所生，而又有所成，皆实现一善。此是最广义的善。然而除了人之外，一切生物所欲实现之善，都太微小了。各生物所实现之善，恒互不相知。所以各生物才为其自己之生存、子孙之生存，不惜尽量的杀伤其他生物。莫有一个生物，能对一切生物皆有情，对一切存在皆有情。然而人却对自己以外之他人、一切生物、一切存在，都可有情，欲生其生而存其存，而有求客观普遍的公善之同情心仁爱心，望人人各得其所，万物并行不悖。究竟人如何会有此心？追原究本，亦在人之自觉。因人由自觉反省而知其自己，即能依理性而推己之心灵之要求，以知他人心灵之要求；推己之好生，而知一切万物之好生。而人之审美的直觉，复常可直接由他人或他物之表情与行为活动，以透识其生命与心灵之内部。人既知此一切，再一念自觉，此一切即转成我们自心之内容。于是他人他物之事，即皆如我自心内部之事，于是我们之护持自己之存在之心，满足自己之存在要求之心，即化为护持他人他物之存在，而欲生其生存其存之仁心矣。

　　人之仁心是人之最高的心，但此心亦可说与人之能反省回想求真求美依于同一之性。此性即超越自己限制，以显发昭露一切存在，护持成就一切存在而生生存存之性。不过，人在反省回想自己过去的经验时，他虽然忘掉了他现在的自己，而超越他现在的自己之限制，然而他又限制于过去的自己中。他未能跳出其已往的生命经验之范围之外。及至人根据反省回想，以作推理判断，以求客观世界之知识时，人才真跳出其自己之生命经验之范围外，而通于感觉所对之更广大的客观世界之真理。然而一般知识所知之真理，恒只是关于已成世界之抽象真理。只注目已成之世界之抽象真理，仍不能真安顿寄托我们向前发展之具体生命。人之具体生命必要求具体之美，同时必期望未来。生命期望未来，人心灵之具体的想象，更投射一生命远景于未来。具体的想象，恒归向美。故人所投射之生命远景，总是美丽的。美丽的想象，可以自由无碍的进行，而昭露一美之世界。然想象中之美终不实在，人之追求实在之美的心，遂使我们于欣赏自然的山水之美、异性之美，其他一切已成的人物之美之外，兼欲补自然美已成之人物之美所不足，于是我们创作文学艺术。然而一切表现美的自然事物，文学艺术品中事物，恒不是真能自感满足的事物。鸟鸣树间，我们听着很美，他自身或正感饥饿。隔岸观火很美，然而在火中的人们，却焦头烂额。电影中摄的战事片亦美，然而实际的战争，却只是毁伤人命。欣赏自然，创作文学艺术，可满足美的要求，却仍不能实际上改去我们自己及他人内心中与行为上之一切过恶，亦不能在实际上帮助人之自然生命要求之满足。所以人必需进一步依理性，以选择淘汰改组我们对于世界未来之美丽的想象，以构成一实际上可能实现，对于自己、他人、人类社会，以至对自然世界之未来，有实际助益之善的理想，而依之以行为，以改进世界。此种领导行为之善的理想，要可实现，便必须根据我们对于现实事物之知识，并与现实事物之实然的真理不相矛盾。要是合理性的，便必须有普遍性、统一性，为一切有理性的人所可同实践、分别或合作起来去实践的。要对自己他人或人类社会或自然世界之未来同有所助益，便必须依于无私的至公至仁之心，以建立。此种理想之具体内容，不在今讨论之列。此处重要的，只在说明人可有向往此种理想的心。人只要有向往此理想之心，我即可指出，人之此心即是一既照顾到我自己之生命心灵要求，而且要照顾到一切人之生命心灵之要求，与整个自然世界之存在，而加以涵盖持载的心。亦即为一成己成物，而赞天地之化育的心。人之顺此心而生之情意行为，无论其所抱理想之具体内容如何，皆是期在成己成物、赞天地之化育之情意行为。人有此心与顺此心而发之情意行为，人之心才可称为真正充量昭露显发其生生存存之理或性的心，而成为绝对至善的心。此即人之最高的道德心。此心既原以生生存存为性，故其自身亦即一必然之真实存在，而无一毫之可疑。就此心之涵盖持载一切言，此心即同于天之高明、地之博厚，而通于天地之心或帝心，亦可说为天地之心、帝心之直接呈现，因而亦是悠久无疆而永在的。然此义深微，若非神解超悟，或深研哲理，便须躬行实践，方能逐渐信及。读者如于此有疑，不妨存之于心。本文亦不便于此多论。下章当仍返至平实易解处去讲：人之一般的求真美善与人类文化之起源或其所以存在之基础。

第三章
精神与文化

一　心灵与精神之涵义之不同

我们既然了解了人心在客观宇宙中之真实存在性，与其地位之高于物质与自然生命，又知人心是能自觉的自动的求真美善者；我们便可进而论人类文化之起源。我们的结论是："一切人类文化，皆是人心之求真美善等精神的表现，或为人之精神的创造。"

什么是精神？精神一词与心灵一词，在我们通常似可交换互用，上文亦如此。然严格说，其意义实微有不同。我们说心灵，或是指心之自觉力本身，或是指心所自觉之一切内容。此中可包含人所自觉之各种求真美善等目的。我们说精神，则是自心灵之依其目的，以主宰支配其自己之自然生命、物质的身体，并与其他自然环境、社会环境，发生感应关系，以实现其目的来说。我们可以说心灵是精神之体，精神是心灵之用。体用相依而涵义不同。心灵可以说纯为内在的，而精神则须是充于内而兼形于此心灵自身之外的。故一人格之精神，恒运于其有生命的身体之态度气象之中，表于动作，形于言语，以与其外之自然环境、社会环境，发生感应关系，而显于事业。人之心灵活动，可只表现为内在的，回忆、想象、思想，而若有一绝对之自由。然人之精神之活动，则因处处要与客观之外物（包括他人与社会）互相感应，发生关系；因而处处不免觉受外物之限制束缚。人亦恒在愈困难之境，愈求精神之自由。精神之自由，乃于重重束缚障碍中，重重限制规定下，以实现其目的理想之自由。因而其自由若为相对的。唯在人发自精神之努力为绝对的，而对于一切障碍、限制、规定，先均加以肯定承受，而又超越之或克服之，以求实现目的理想于其中时，精神乃有一内在的绝对之自由。所以精神之概念，乃一统摄心与心外之物、主观与客观、自由与阻碍等之综合概念。我们说，人类文化即精神之表现、精神之创造。所以人类文化之概念，亦即包含心与心外之物于其下一之综合概念。我们在此，必需先亲切的加以把握。

照我们的意思，人类精神之所以能表现为或创造出人类文化，主要由于人心之有思想、想象、意志等能力，求真美善之目的。然人若不依此心理能力此目的，以表现为精神，亦不能创造文化。今再分别说明此二层意思如下。

二　生产工具、物质文化与人心

与我们之第一层说法最相反者，乃唯物史观之说。依此说，人之所以能创造文化，乃由人依其生存的需要，而人不能不在自然中劳动，人由劳动而发明生产工具。由生产工具之发明，而有社会生产关系，及社会政治之组织，与一切文化。在此短文，我不能对于持此说者曲曲折折的论证，详加批判。我现在只要求无先入为主之成见的人，先平心静气想一想：如果人之能创造文化，在根本上只原于人之生存需要；或人之生存需要，即人能创造文化之充足理由，何以其有同样的生存需要的生物，并未创造文化？若由劳动即可发明生产工具，何以猴子劳动一生而无所发明？人之发明生产工具，诚然最初是为满足实际的需要，如发明一石斧，以破裂一物，供其享用。然而我们试想：原人中第一个发明一最粗陋的石斧之前，如果他在心中先无破裂一物之目的，如何会想到造石斧去破裂它？如果他不能反省他的经验，知道如何一动作，可使一石头变尖锐成石斧，他如何会把石头变尖锐以成石斧？你不能说只是赖一偶然的尝试动作，毫无一目的在先，不凭反省，人便能有所发明。纵然人第一次发明第一个石斧，真全是赖偶然之尝试而成功，然而在他造第二个同样的石斧时，他便仍免不了去反省："他第一次是如何造成此石斧的？"依此反省以造第二个。如果他不凭他的心之反省的能力，他如何能造第二个？其他的人，若没有心，知道他之如何动作与石斧之成，有一必然关系，又如何能仿效他而再造一个？所以我们纵然承认人之造第一工具是偶然，不待心之思想活动，亦绝不能说人之相续不断的造同样的工具是偶然，仍不待心之思想活动。更不能说人之不断的改造工具，以适合于他的目的中所需要，不是由于心之不断的反省的思想。人类最原始的文化，所以可称为文化，最低限度，亦须赖其原始之生产工具，能继续的制造出与不断的改进。若无心之思想，则此二者即根本不可能。至于有文字以后，人类的一切生产工具之改进，是赖人的思想力之运用，更明见于文明史与科学史之记载。现在我们所用之一切机器，一切应用于农工矿之生产工具，皆由无数科学家之苦心焦思一切事物之因果关系而成，更是人所共认。我们只要把此一切人所共认处，牢牢把紧，便知人类文化之起原，必需直接先自人之心灵精神上去求之理由了。

我们以上说人没有心之反省思想能力，即不能有任何生产工具之发明；亦即是说人无心之反省或思想能力、了解真理追求真理之能力，即不能有技术上之发明。不仅今日之一切工业农业上之发明，是要根据于物理化学植物诸学之真理，不仅有系统之科学知识是真理，即日常生活中之一切常识与生活技能亦包含真理。我们今日人人在日常生活中，所知道的如何煮饭，饭乃能熟；如何穿衣，衣乃能穿得整齐，亦包含一种真理。此种真理与我们今日之知道如何一种科学设备，即可造核子弹之真理，只有内容狭窄或广大、高深或浅易之不同。其为一种真理，并无不同。我们要知道凡是说"由如何则如何""因如何故如何"的话，都同表现一真理。由此，我们便知人类自古及今，家家户户，老老少少，男男女女，无一人莫有相当的知识，即无一人不接触真理世界之一些真理。世间无一人不是赖其知识，来指导他如何衣如何食，如何生存；即无一人不是赖他对真理世界的真理之了解，来维持他的生命，继续他的生存，而成为一个在有物质文化的人类社会中生活的人。因而我们可以说今日之一切人的自然生命，都是生存在人的心之思想所认识的真理之基础上。整个有物质文化的社会人类之存在，都是依于知识之世界、真理之世界而存在。因而一切生产工具，一切生产工具所生产之一切财富，人赖以生存之一切物品，与人之如何运用之以满足其生命要求，都是依赖于人之先有心之思想、心之能认识真理。

三 社会之存在基础与人之求真美善之心

我们上面说人之生命之得维持，是以知识为基础，以了解之真理为基础，即谓知识为人类文化之最底层。知识由常识进到科学、哲学，即成有系统之学术。我们不说一切知识学术，都只是为实用而有。然而我们却可说人类之生存，乃生存于知识学术之基础上。不过我们不能说人类只生存于知识学术之基础上，人类亦生存于人心求善之意志、求美之想象，与其所表现之道德、艺术、文学之基础上。这亦不是只有少数人才如此，而是一切人都如此。不只是现代人才如此，而是人类自来即如此。依唯物史观之说，人类最初只是因各人要求各人的生存，乃共同劳动，而彼此遂有一定的生产关系，依是而有社会。后来则因求生存的斗争，在生产关系中的各种人，利害不同，而分出社会阶级。由是而整个人类社会之历史，便只是一阶级斗争之历史。这实只是纯从社会之黑暗面，社会之病态上，人类之单纯的生物本能上，去看人类社会之所以存在之论。实际上，人类之所以能生存于社会，人类社会本身之所以存在，实是以人心之有求真之思想、求善之意志、求美之想象等，为最深的基础。原始人类诚然要为自己的生存而劳动。但是单纯的共同劳动，并不会发生社会政治的组织。人不是如蜂蚁之依纯粹之本能，以组织社会。人们至少必需在劳动中，互相以语言来表达思想、情感，与需要。人必多少互相了解、互相帮助、分工合作，以满足其自然需要，乃有社会政治之组织。人若莫有心之思想力与反省力，则人首先不能了解他人的思想。人若莫有对人之关切心同情心，人根本即无互相帮助互相满足需要之事。这亦即是说：人若不能有求知他人之心，莫有求知他人之心之真相，获得"他人之心理是如何之真理"，人若果莫有对人之好意或善意志，则人纵终日在一起劳动，仍无任何人类社会之组织之可能。这实在是再明白不过的道理。其次即在原始社会，人们共同劳动时，人恒一面劳动，即一面以动作相配合，互相对答，互相呼啸，由此而有最原始的歌唱、舞蹈。讲唯物史观者，即以此证明艺术之原于劳动。然而他们却不能说明，何以勤劳的蜂蚁，并未创造艺术。人类之劳动最初总与歌唱舞蹈相配合，正证明人心之自始能在节奏的动作中，在抑扬的声音中，在内心情感之表达于语言中，在人与人互相和谐配合之一切活动中，欣赏美、了解美、创造美。人必需在劳动中有歌唱舞蹈来调剂。有了歌唱舞蹈调剂，人之劳动乃不易疲倦，更有兴趣，更有效率，而生产的东西更多，同时人与人间亦更能同情、互助。此正证明：人类之求美的心，人类之艺术文学之活动，亦即原始之人类社会组织所以能存在之一基础。人之生，由于男女之相悦，而人间男女之相悦，并非如其他生物之只要是异性，便可交配。人间男女之相悦，必包含自觉选择，并与美感为缘。情人眼里出西施，故不美者亦必幻现为美。男女之相悦，阴阳之和谐，在旁观者看来，或自己来反观，其中即见一种美。故柏拉图谓人之生即生于此美之要求实现。有男女而有夫妇，而有家庭。有家庭而有社会。人对人之好意，首表现于家庭中。人类最早之社会，即由血缘关系而成之宗法社会。此是人之审美意识、人之好意，为人类社会所以存在之基础之另一证明。与我们之思想相反之人，恒过度强调人类社会中之互相斗争之事实。对于这种人，我们不特要提醒他在人类社会历史上，多看看人类之互助同情而分工合作一面。而且要使他们知道人类之所以能相斗争，亦以人之能互助同情、人之有求真美善之心为基础。试想当一国与一国斗争时，如一国之内不互助，又如何可与他国斗争？一阶级与一阶级斗争时，如一阶级之内不互助，如何可与他阶级相斗争？一家族与一家族相斗争时，一家族之内必须互助。一人与他人相斗争时，他必须求朋友互助。一残民以逞的独夫与天下人斗争时，则天下人彼此相互助。人之与他人斗争，很少只是为自己。一个人常是为自己的同事、自己的朋友、自己所属之团体、自己的阶级、自己的国家而斗争。这即证明人之斗争与瞋恨，亦依于他之有所爱有所愿意帮助的人；又证明人之好意与善意，是社会存在真正的基础。斗争亦只能在此基础上斗争。我们若果在这种地方真是看得清，认得稳，便知人类社会存在之基础，绝对不是斗争。人类社会纵然在表面上闹得天翻地覆，然而在底子上，则一切父子兄弟夫妇朋友之间，一切公司、机关、政党、阶级、国家、民族之内部，仍多多少少要赖彼此之互助、信托、同情、合作、仁爱、忠诚来维持其存在。这是自古及今，普天之下，一切人类社会之所以存在，根深蒂固，永远不能完全摇动的基础。这是人类精神的海底，无论海上如何波涛汹涌，然而海底仍永远静寂而安定。人类最高的智慧，即在自觉的认识此为社会之基础的，人心所同然的好意、善意志之存在，而加以扩充；以化除人与人表面之斗争，为互相观摩之竞争；而以互助、信托、同情、合作等，来规范竞争，化人间社会表面之戾气为祥和。此化戾气为祥和之工作，犹如翻出海底之平静安定，来停息海面之波涛。此之谓致太平之仁术。如果依马克思之说，则人类社会之历史，自来以斗争为本质，宇宙人生之一切，亦以斗争为本质，则人类本性中自来无太平之种子，世界亦永无真致太平之可能了。

四　创造文化的精神

我们在上文说明人类社会之存在，依于人之求真美善的心。然而我们却不说只赖人之主观的思想、想象、意志等心理能力，只赖人之真美善的心，即有文化之创造。我们说，人的求真美善的心，必须真实的表现为一客观的求真美善的精神，乃能创造出文化。人类虽然都在文化社会中生活，然大多数的人，常只能享受历史传下来的文化成果，而不能创造文化。一切人所享受的文化成果，最初都是人创造的。然而在一般享受文化的人，都常不知文化是依于一创造的精神来的。什么是创造文化的精神？这乃是一去发现未发现的真理，去表现未表现过的美，去实现未实现的善的精神。人如何能发现未发现的真理？除了他须要能反省能思想以外，他或必须感受生存于自然的困难，他或必须遇见令他惊奇怪骇的外界事物，他或必须去探险去远游，以扩大他的经验。他或必须依这一目标去作各种的观察实验。他恒须苦思至颜色憔悴、形容枯槁。人如何表现未表现的美？他除本有想象美、体验美之能力外，他或必须感到单纯的为生存而劳动之疲倦。他或必须经过美丽的自然之陶冶。他或必须受一自然生命冲动，或内部灵感之鼓荡。他或必须一生有无数波澜起伏之人生经验。他或必须看惯了历史上的治乱兴亡，人间社会之成败得失。他恒必须为艺术文学之创作，而消耗其自然生命力与身体之精力。人如何能实现未实现的善？除他本有之良心、天生之好意之外，他或必须深感社会的黑暗。他或必须亲见人们之受种种苦痛，而生莫大的同情。他或必须对他自己行为上的罪过，有真切的忏悔。他或必须为他们所遇之伟大人格所感动。他恒必须为宣扬他的善之理想，而奔走呼号，以至牺牲生命。总而言之，人在有创造文化的精神时，人必须以他的生活之一切实际经验，以他的精力、他的生命，为文化创造而用。人在此时，恒必须与其自然环境社会环境，发生各种不同的感应关系，而常免不掉受各种客观外物的规定限制阻碍。人在了解真理后，或用文字表达而成著作，著作本身亦一物质之存在。或凭知识以制造发明各种利用厚生之器物。艺术文学之创作，亦要表现于文字之著作，或有形有色有声之艺术品，如一建筑，一张画，一钢琴上之弹奏。此等等之本身，亦都可说是一物质世界之存在。而人之善德，恒睟于面、盎于背，以表现于身体。人之善行，恒见于如何使人各得畅遂其生命之各种实际事业上，而此事业亦与所谓物质世界直接发生关系。由是我们便可以知道人类创造文化之精神，乃人类心灵求真美善之要求，贯注于其实际生活中，运用其生命、精力，在客观之社会环境、自然环境中创造一文化物，以代替自然物之精神。由是而我们遂可在人类文化之创造中，真正认识心灵与生命物质三种存在之综合的统一。生命与物质，在此时则被主宰于心灵之求真善美之目的之下。由是而我们可以说，人类文化之存在，即自然宇宙之进化之最高的阶段。而人类文化本身，亦即在自然宇宙之中或之上之一最高之存在。

第四章
人文世界之概念

一　导言

在"精神与文化"一章中，我曾说明人类之文化，皆原于人求实现真善美等价值之心。此乃我们对文化应有之基本认识。由此认识，我们乃能认清人与其文化之尊严，而后能讨论一切人生文化之理想问题。然而我们真要认清此点，必须对人文世界之领域之各方面，有一清楚的概念，并分别认识其为人求真善美等之心之不同的表现。本文分人文领域为九，即知识学术、生存技术、艺术、文学、经济、政治、法律、道德、宗教、教育。今一一界定其意义与关联如下。

二　知识学术

所谓知识学术，即直接以了解真理为目的之人文领域。此中分二种：一为纯理论性的，一为兼实用性的。前者通称理论的知识，理论的学术。后者通称应用的知识，应用的学术。前者以知

"是何"与"因何"（What Why）之真理，为直接之目的。后者兼以知如何（How）之真理，为直接之目的。前者中，有以研究抽象普遍之形数关系为目的者，是为数学几何学。有以研究自然界一类现象，如物质现象、生命现象、心灵现象之普遍之理为目的者，如物理学、生理学、心理学。有以研究自然界一类存在事物或特定存在事物之理为目的者，如天文学、矿物学、生物学、人类学、人种学、地质学、地理学。此各种学术之研究，皆可直接满足人之求真心，然又皆可为各种应用科学之根据。如工业科学，根据于几何学、数学、物理学、化学、地质学之应用。农业科学，根据于化学、生理学、生物学之应用。医学、体育卫生学，根据于生理学、心理学、人类学、人种学之应用。

理论科学中，又有以研究社会之如何组织变迁，社会之经济、政治、法律等现象之理为目的者，此为各种社会科学。至于研究人之如何求真求善求美之本身，及宇宙人生知识之根本原理者，则为论理学、伦理学、美学、形而上学、人生哲学、知识论。此属于哲学。至于以记载人类之历史事变为目的者，则为历史学。哲学与历史，虽皆不同于科学，然同以求真为目的。此各种学问亦各有其可应用之范围。如政治学之应用于组织政府，改良政治。法律学之应用于司法立法。经济学之应用于商业及国民经济之建设。美学应用于文学艺术。伦理学应用于使人实践道德。论理学知识论应用于一切学术方法之建立，与一切学术知识之批判。历史学应用于建立人类对其自己之文化之信心，与以古鉴今等。然而此类学问之应用，皆只应用于求人类社会文化，或精神文化之自身之进步，而非应用于自然之改造，故可通称为人文学科。

但是我们必须注意，自然科学与自然本身不同，应用科学如农业科学与农业本身不同。社会、人文学科本身是社会人文之一部。然社会人文学科与社会人文之全体不同。研究某一社会人文现象之学科，与某一社会人文现象本身，不即是一个东西。如政治学本身非政治，伦理学本身非即道德……所以知识学术以外，尚有其他文化领域。

三　生存技术与其事业

我们知农业科学与农业本身不同，亦知工业科学与工业本身不同，医学卫生学与医药卫生等事业不同，体育学与实际上之运动会等之不同。凡此后者，皆是分别实际存在于人类社会之一种文化事业。由工业而人对无生物、地球、矿物、电力、水力等物质世界之物与力，加以利用或改造。由农业畜牧业，而人对人外之植物动物等生命世界之物与力，加以利用或改造。由医药卫生等事业，而人对自己之身体之健康寿命，求加以保持或增加、延长。此三者之目的，皆重在求人之得生存于自然界。所以我们可以统名之为生存技术之事业。此生存技术之事业，由应用知识学术而有，一面与社会经济相通，一面与艺术相通。由此相通处，便见生存技术之事业，兼依于人之求真美善之心而存在。此俟后论。

四　技术与艺术

我们上文之所以说生存技术与艺术相通者，因我们承认人类最早之艺术，即存于人类最早之技术活动中。技术之活动，是人依其观念理想，以制造一器物，栽培一植物……以供人之用，亦即出于人想实现其观念理想于自然之动机。人之艺术的创造，亦不外欲将人心目中所认为美之意象，实现于自然，如雕刻顽石成雕像。由此即见技术活动与艺术活动之相同。所不同者，只在技术之制造是以实用为目的。工业农业畜牧之技术所生产之器物，都是供人之使用消费的。艺术之创作，则以艺术品之成功，而表现心中所意想之美于自然本身为目的。所以对于一艺术品，人只是欣赏之，而非使用之消费之。欣赏之要保存之，使之长久存在。使用之消费之，则恒是使之由存在而渐不存在——故必须继续有所生产，或再生产，以供使用消费。此是技术活动与艺术活动之不同。然而技术与艺术之截然分别成二种文化领域，则是文化进步后乃显出。人类最初只有与艺术相融之技术；文化进步后，乃有离开技术之艺术。人在制造一刀时，把他磨尖，是为实用；而使刀面光滑整齐，则同时有审美的动机。人造房屋制衣服，是为实用；然房屋加上花纹，衣服加上颜色，使形式美观，即包含一艺术的活动。农人在把一束一束禾黍整齐的堆积，工人制造一旋转的车轮时，都包含一审美之意识。我们试看我们平日供实用之物，无论是床、桌、帐、被、锅、灶、碗、筷、壶、杯、箱、盒，哪一种东西制造好时，不多多少少表现：整齐、对称、比例、和谐、统一……之形式美。便知人之审美精神，最初实遍运于一切技术之活动。所以人类的技术中，即包含艺术的成分。世间自古及今，莫有绝对离开审美活动的技术。然由文化进步，却有离开技术之纯粹的艺术。这即证明人生是向往艺术的生活、美的生活的。

在纯粹的艺术中，通常分为建筑、雕刻、图画、书法、音乐、跳舞。巍峨的宫殿、精致的雕刻、形似或传神的画像、工整不苟或气韵横生的书法、婉转悠扬或雄壮豪放的音乐，与曼妙活泼的舞蹈，这些都是本身有美的价值之纯艺术品。这各种艺术之不同，在建筑之材料是固定的砖石，钢骨水泥之物质。建筑之美，由于此物质材料结构的形式。此形式美，可说是外在于所由构成之物质材料之自身的。雕刻则对物质材料自身加以改造，使之具备形式美。此形式美却是更内在于物质材料自身的。唯此二者皆是立体的艺术。此中，人之创作之活动，皆太受物质材料之限制。图画与书法，则是平面的艺术，而更重纯粹之形式美，因而更能脱离物质材料之限制。

至于音乐，则纯以声音表达出一美的境界，而使人超出有形之世界，以达无形之世界。由音乐，人可以直接体验生命心灵自身之纯粹振动的升降起伏、抑扬高下。音乐中器乐外，有声乐。一切艺术中只有声乐与跳舞，是以我们之身体自身、生命自身，作为艺术活动的材料。由歌舞，而人之声音与身体之动作，为旋律、对称、和谐等美之原理所规范。人之物质的身体，在音波中荡漾，在动作中化为轻灵，而若暂时离开物质之世界。因为这时身体之物质，亦只成为艺术之活动之材料，而隶属于美的世界、艺术之世界了。

五　文学

人之艺术的世界，又直接联系于文学之世界。人在歌唱时，自然连带着言语。有韵律的言语，即是诗歌。一切文学都原于诗歌。文学与艺术之直接目的，都在表现美。但是二者又不同。艺术的活动之目的，在表现美于自然界之物质或物质的形式，与我们自然的身体。文学之目的，则在表现美于人造的语言文字。每一个语言文字，都是直接传达一种意义。然而意义是看不见的，只有人心能了解。所以语言文字，亦最能直接沟通人的心。由语言文字，而一个人亦最易进入到他人的内心之世界；亦把自己之内心之世界表现出来，为他人所可共喻。通过言语文字，而各人的心，互为客观之存在，乃有一客观存在之心灵世界可说。所以文学之表现美，亦重在表现人之心灵世界的美。文学中可以描写自然的美，如山川的美、花鸟的美，与日常生活中之悲欢离合，而使之显出美来。但是此一切的美，都要先经过作者的心灵的光辉之照耀，染上作者之心灵的彩色，再由文字语言，以间接的显露出来。他人要了解此语言文字，亦须由对于他过去的经验，加以反省回忆，知其意义，再在自心现出与作者心相类似的种种意象意境。文学之高于艺术者，在语言文字可以表达众多的意义。凭我们的想象，无论是远的、近的，现在的、过去的，实在的、可能有的，一切自然界与日常生活中事物之景象，我们都可呈现之于目前，并自由加以结合、组织、构造。由是而形成种种纯精神的美的景象或美的意境，扩大我们之美的境界。

因为文学之美是透过心灵之世界所显示的。所以在日常生活中不美的东西、丑恶的东西，更易经过文人之笔而化成美。这理由，一方是一切丑恶的东西，在心灵之反省下，皆成观照的对象（此观照是文学与艺术所同赖以成立的），即由质实而化为空灵，而丑恶即被冲淡。再一方是赖心灵之综合的想象作用，可以把美的联想贯注到丑恶中，并以丑恶之否定者，对消丑恶。所以乞丐虽然看起来很脏，然在郑板桥之曲中，联想到那乞丐之自由，想着那乞丐之桥边日出犹酣睡，便亦很美了。《三国演义》中的曹操虽很丑恶，然而有打他的刘备张飞，或记述到曹操之死亡处，便把他的丑恶对消了。所以凭综合的想象力，在诗人文人之笔下，任何事物皆无不可为好诗好文之材料。再加上诗文本身之形式结构之美，而天下之事物在文学中可无不美。这是文学中所显之美的世界，所以大于艺术中所显之美的世界之第一个原因。

其次，因语言文字本身，是向人说的。人在创作文学时，必想到他人之心之客观存在。所以人在创作文学时，人一方须求人同情，一方亦即同情于他人之心。此心在本原上，必须兼是一有相当的对人之好意的心，亦即为一既求美亦求善的心。在文学中，人亦恒须设身处地、替人设想，以描述他人的心理，并计划如何写作，乃可以感人。这样一来，遂自然使文学中主要内容，是表现自己的人生，与他人的人生。由是而文学能表现人间关系中一切美与善。最高的文学，亦必须兼求美且求善。伤风败俗、诲淫诲盗，或以利己损人为目的之文学，无论如何美，都不能为文学中的第一流。文学作品至少亦须不违人伦道德，或多少有温柔敦厚之情调者，乃能成第一流之文学作品。这正是因为文学在本质上，即是依于人与人之心灵之能交感、相了解、相同情而成立之故。

在文学中，通常分为诗歌、散文、小说与戏剧。诗歌主要是抒情或写景。写景重在直接以文字再表现自然之美，抒情是表现人生之内心之情韵之美。诗歌重音节与韵律，并可谱之音乐。故诗歌即文学与艺术中音乐之相交切者。散文可写景，又可以言情，亦可以叙事记物，以及说理。小说述继续发展之故事。散文小说之叙事记物与说理者，皆必须不只表现真理，且兼表现美者，乃属于纯文学。如叙事物说理，而只以得事实之真相为目的，则散文小说同于科学哲学历史，非纯文学。故散文小说，亦可谓为文学，与学术之交切点。散文之叙事物，可为自然事物，亦可为社会或人间之事物。小说则纯以叙人间之事为目的，故小说纯为表现人生者，与诗歌戏剧同。唯诗歌重表现人生之内心，小说则一方可叙述人之内心，一方叙述人生在自然环境社会环境下，所作之事及人之言语行为之活动。至于戏剧，则直接以表现"在一环境中人对人之行为言语"为目的，把人对人之各种行为言语，加以配置，以表现出一美的境界。由写作之戏剧至实际演出之戏剧，则为文学上之戏剧之现实化于舞台者。电影由戏剧而出，电影即文学上之戏剧之现实化于摄影场或表演处所，而被摄制者。文学只可以心来了解。演出的戏剧与电影，则重返于可听可看可感觉之现实存在之世界。唯戏剧与电影毕竟只是戏，其所表现的，仍原于文学中之想象。他是真实人生以外的虚幻，而在虚幻中表现一人生真实。戏剧电影中，可包含音乐、舞蹈、建筑、图画之美，于是他们成为文学艺术之一综合。他们亦是文学艺术与真实人生之一交界，所以他们可以成为雅俗共赏的艺术。然而他们亦因此而不是纯粹的文学或纯粹的艺术，亦不能成为表现最高的精神上之美感之艺术。

六 生存技术与社会经济

我们说生存技术之事业，一面通于艺术、通于美感，一面又通于社会经济。社会经济本身亦是人文之一领域。社会经济之概念，与生存技术之概念不同。生存技术表现于人对自然之生产活动等。而社会经济现象，则是人与人之共同生产，或相互交换、分配其各所生产之物品，以供消费之现象。交换即商业之原始。国家之经济政策，恒在促进社会生产量之增加，并使财富之分配合乎正义之原则。而一健全的社会经济，不仅要使人得生存，且要使人所分得之财物，足供其享受艺术文学之生活，及其他的文化生活，以完成其人格之善。由是而经济之概念中，即必须包含美善之人生理想以为其内涵。我们复可谓，人类在社会之一切经济行为与一切经济组织，自始即依于人心之道德意识而存在。人在开始共同生产或互相交换财物时，人即必需先了解他人与我之同要求生存、同能劳动、同有其需要等。此了解本身，初即依于人心之能互相同情，发生共感。故由此了解，即可自然引出各种求交易公平、互助、遵守信约之道德意识。商人固好利，但单纯的好利之本能欲望，并不能产生商业。商人必然于好利之外，多少有守信或助人之道德，然后能成大商家。坏商人亦必利用其他商人之守信，或他人之相助，乃能获分外之利。所以人类商业之经济之存在基础，仍在人之道德意识。诚然在私有财产制度下，资本主义之商业社会中，人与人间常不免情感凉薄，产生过度的贫富悬殊。然私有财产制度，仍依于不偷盗、不抢劫之道德以维持。资本主义所由形成之自由竞争，初仍依于机会均等之平等原则。过度的贫富悬殊，乃其流弊，亦无人以之为合正义。故以国家政府之力量，限制此流弊之经济政策，及社会主义经济制度，乃应运而生。此二者皆明显是依于人之正义观念，对贫弱者之同情而生。由此而我们遂可说社会上各种生产组织、交换分配组织、消费组织之存在，与国家政府之经济上之措施及一切经济上之主义之提倡，其最根本最原始的根据，同在人之求善的道德意志。不过在此个人之求善的意志，乃与人各谋其个人或所属团体阶级之私利之心，互相结合，互相规定。遂不如通常所谓道德修养中求善意志之纯粹而已。

七　法律与政治

由社会经济之发达，须赖守信互助等道德之维持，须赖国家政府之管制，由是而社会经济遂通于政治与法律。法律与政治，各为文化之一领域，法律或为社会所习惯遵守，或为人民公意、立法机关所制定。法律之目的，在依强制力以保护人民之权利或福利，以维持社会之秩序，所以济个人道德之穷。然法律之本身之建立，即依人之尊重社会秩序，平等尊重人我之权利福利之正义观念。法律之惩罚毁约者，即所以维护信义。惩罚投机者，即所以保障公平的交易。惩罚毁人之名誉者，即所以维持人与人之间之礼貌与敬意。惩罚破坏人之婚姻者，即所以增加爱情之幸福。故法律之存在，即依于人之一否定"不善"以成就善之道德意识。守法律之行为之异于一般道德行为，唯在一般道德行为，纯出自动，不当夹杂任何利害之考虑。人之守法律之行为，则或不免依于人之希利避害之自然本能。人恒以畏法律之罚而不敢为非。此种守法便非最高之道德。然我们复须知：当吾人立法时，根据人之希利避害之本能以使人不敢为非，同时亦即是使本无道德价值之希利避害之本能，间接表现一维护社会秩序之道德价值。故法律之存在于文化，亦即所以使吾人之自然本能，隶属于人之维护道德文化之精神，而实现吾人以精神主宰自然本能之目的者。

政治与法律相通而又不同。法律重在消极的防制规范社会中各个人之行为，以维护社会之公共秩序，保护个人之权利等。政治之目的，重在积极的调整安排组织社会中各个人社团之行为，使相配合，共求国家社会公益之促进，文化之提高。人类最初之政治活动与政府所产生之根据，唯在人民之有公共之活动。此公共之活动或为共同生产，或为共谋御外侮，或为其他之集体娱乐、共同事神之活动。在公共之活动中，必须有领导者、发命令者、鼓舞兴发人民之行动者、执行大家共议定之法律者、专办公共事务者，此即统治者或政府之起源。所谓政治之活动，初即是人民如何推选治者、服从治者、监督治者，治者如何统率鼓舞兴发人民，以使一社会中各个人各社团之行为，皆调整安排适当，配合成和谐之整体，以从事社会公益之促进，文化之提高之谓。所以人之政治的意识，在根本上为一求善之意识。亦可说为求人与人间关系，由配合和谐而表现一种"集体社会之美"的意识。故政治上之最理想的太平之世、太和之世，即可如一音乐中之谐乐。法律规范社会中个人之活动，而使社会条理秩序化，有如自然律之使自然现象条理秩序化。自然律是实然的规范"自然"的真理。法律是当然的规范"人间社会"的真理。故政治法律皆以求善意志为本，而又分别应合于人间社会的真理与美之实现。

军事所以保卫国家民族，亦即所以维护社会文化。军事为政治之延长。故不另论。

八　道德

社会经济法律政治，皆依求善意志而存在。然其直接目的则在增加社会之财富，维持社会之秩序，完善国家社会之组织；以使个人安乐于社会国家。而道德之目的，则为人之自以其修养工夫，求其人格之美善。人在从事生存技术及自然科学时，人乃面向自然。人在从事政治法律社会经济之活动时，人则面向个人以外之社会国家，而不免有所求于他人。道德之活动，纯为反求诸己的。道德之活动在原则上为一纯粹之自制、自强、自勉、自反、自诚、自尽其心，以迁善改过，而具备所希之善德于人格之自身，以成圣成贤之活动。人欲具备善德于人格之自身，人可以促进国家社会公益，提高其文化为己任。人亦可在任何职业事业——如从政、立法、司法、经商、业农、开矿——中，表现其道德人格，并凭借其任何生活上之经历，以磨练修养他自己。于是人之道德活动，即可贯注于一切社会活动之中。人之德性，亦即兼为社会国家所以得安定文化能进步之基础。但是我们只能说这是因人之道德意识中，本当包含为社会国家尽责之动机，却不能说人之道德修养，纯是为社会国家；亦不能说人只能在社会国家之群体生活中，才能修养道德。人之道德修养之直接目的，在完成自己之人格。人除去参加社会国家之政治经济立法司法等公共事业以外，人在日常家庭生活中，私人的友谊中，与其他一切人与人之关系中，亦皆随处可修养自己之德性、表现自己之德性。个人独处时之忏悔与反省、发愤与立志，与人德性进步关系尤大。其他学术文化生活皆与德性有关，如学科学哲学历史，可增加人生之智慧。好的文学艺术作品，可陶养人之性情。宗教信仰，可以使人忘我，超越生死得失利害的计较。此同是可培养人之德性，亦表现人之德性的。故道德上之求具备善德，乃一种可由任何种人生文化活动，以培养、以表现之善德。此善德是包括求真求美之精神的。因求真求美之精神，本身即是好的善的。而且研究真理之学术中，即有关于善之真理。表现美之文学艺术中，即有合乎善的美。凡一善的人格，亦都有一段真诚——真诚即宇宙人生之最高真理之直接通过人格而实现，而其气象态度与行为，亦必多少表现一人格美。故在最高之德性之善中，必包含真与美，将三者融化为一。此之谓圣贤之德。

九 宗教

宗教亦是人文世界之一领域。宗教之为文化，是整个人生或整个人格与宇宙真宰或真如，发生关系之一种文化，亦即是天人之际之一种文化。以上所述各种之文化皆属于可知界。宗教则是人欲由可知界，超升至超知界之一种文化。人之本性必一方求达绝对圆满真美善之理想，而一方又知道不超越其所知之真美善理想之一切限制，不能有所谓绝对圆满之真美善之理想之实现。由此而人有求超升至超知界之向往与祈求。此即人之宗教要求。此宗教要求，亦可说为超知界对吾人之一接引。人之宗教要求，或表现为信一超越现象世界、曾创造天地宇宙之真宰上帝，如耶教回教。或表现为信一有无穷智慧、备无边福德，德同上帝，而又为人所修成之佛菩萨或仙之佛教道教。宗教的信仰，是信仰一至真实至完善，而又超思议言说所及之上帝或佛境仙境之存在。同时我们可由此信仰而与上帝接近，入上帝之国，或成佛成仙，而神圣化吾人之人格。我们须知宗教的要求，是植根于人心深处的。在原始的宗教中，固恒不脱拜物教之色彩。人初所信之神，亦常不免凶暴残忍可怖。然而原始人，仍相信一树一木一山川之神，比他更多知道一些事情（更多知真理），更有威力以主持正义（更善），更能自由行动，四处遨游（生活得更美）。故人之信神佛，即由人之深心，原有超越我们所及之真善美之限制，而达更圆满之真美善之要求。亦可说我们之心原依托于一超越的无限圆满的真美善之存在或境界，故人会为宗教上之上帝或佛境仙境所接引。人信了宗教，无论是信上帝或信佛或其他，人都可觉其自己之生命，宛若为一无限圆满或清净纯一之真美善之光辉所照耀，为神圣的上帝或佛菩萨之无尽仁爱所覆育加被，并感到上帝与佛菩萨之永恒的生命，即与我之生命相通，而我亦可达于永生或不生不灭之境；由此以得一种精神上之无尽的慰安寄托，并愿意把神或佛之仁爱之体证，以引发自己之善心，而布此仁爱于世间；于是而提高自己之人格，长养了自己之德性。宗教信仰对人生之价值，只要有宗教信仰的人，都可切身的感到。但在不信仰上帝或佛之存在的人，很难以辩难使之相信。从一方面看，我们亦可说上帝或佛即我们自己之本心。此即儒家之天人合一之教及禅宗之即心即佛之教。故儒家与禅宗，仍可说包含一宗教精神。此乃一使"尽心知性或明心见性之德性修养，与祀天礼佛合一"之宗教。不过此中问题太深，非今所能详。人纵一时对宗教不能信及，只要知人心有宗教之要求，并知宗教实际上早已是人文之一领域，而对人生有价值，知道宗教是人欲由可知界达超知界——即天人之际之一种文化，亦就够了。

十 教育

宗教是天人之际之一种文化，亦即一由人文达超人文之境界之一种文化。教育则是传播继续人之文化于未来世界或广大社会之一种文化。人类之未来，亦是超我们现在之所知的。教育家的精神，恒是以一宗教的精神，求保存继续人类之文化于无尽的未来；使人类文化之生命，悠久而永在；并望由文化之普被于广大社会，以使人类文化生命，日趋广大无疆，而人人皆得以充实丰富其文化生活，提高其人格。教育之最后目的即在作育人材。所以教育亦可以说是一种文化的生殖之事业、人格的生殖之事业。此与自然生命的生殖相对。世间如果无自然生命的生殖，则宇宙的生命人类的生命，早已断绝。但文化中无教育，文化亦将断绝。不过实际上教育与文化，总是同时存在。而且在社会一切文化领域中，都有一自然的教育在进行。教育的事业不必是自觉的，有一定机关的。家庭中有家庭教育，社会中有社会教育。人凡从事一种活动，而他人模仿之，向之学习，即在受教育。人凡以一种道理告诉人，或指导人以一种动作行为的方法，都在教育人。人在有文化的社会中，无时不在受教育与教育人。所以大农人教小农人、工店之师父教徒弟、老板教伙计、长官教部属、老和尚教小和尚、成功的艺术家教初学的艺术家、新闻记者著作家教读者。反过来看，教学相长，教而后知学之难，一切学者亦皆可在一方面教教者。故一切人皆在互相教育。我们真以此眼光看，则我们便知教育之无所不在。无教育即无文化。我们可说教育即个人文化活动，自然要求社会化之一机能，亦可说一切社会文化都是人与人互相受教育的成果。不过这一种教育是最广义的教育。狭义的教育，是指有一定教育的机关，自觉的以教育人本身为目的者。此即所谓师生教育、学校教育。此是依被教育者之资质、年龄、心理，本一定之计划、一定之程序，采一定之方法，而以造成种种适合于社会文化需要，而人格完善之人材为目的之教育。然而无论是在广义或狭义之教育，人皆必须依于求真美善之心，以从事学习，而教者皆须依于一善意，崇敬文化之心，告人以如何学习的真理；并多少以美感，引发学者之兴趣，然后能收最大的效果。故教育是神圣的事业，同时亦为人之求真善美之心的表现。上所论人文九种领域，乃互相配合成一全体，可以绘成一图来表示。但今姑从略。读者可以会通全文，去自己绘出来，将更亲切了解本文之意。

第五章
人生之智慧

前　言

　　哲学非诗。以诗之体裁，表达哲学理境，恒不免流于玩弄，而难尽理之精微。此文更不足以言诗。然世方溺于唯物功利之说，一指瞑目，一尘蔽天，不见其大。古人云：兴于诗，立于礼。欲有所立，先须有兴。则以略具情韵之文，尚论往哲精神；发思古之幽情，以兴悱恻之心，抑亦大雅之所不废。此文除第一、二段，唯在引端，未关宏旨外；余尚论古人处，皆心知其意之后，作如是我闻之言。意在见彼百虑殊涂，归于一是。复多以中土之陈言，表西哲之理趣。然亦未敢厚诬前哲，削足适屦。其偏重西哲，盖因其立义较易引人入胜，非谓其理境之高，过于中印哲人也。世之君子，幸加垂察而明教之。全文端绪颇多，而实互相照映，亦颇有言近旨远、文约义丰之处，初学未能骤达，宜反覆研寻，当终有悟处。若浮气相临，或不免失之交臂矣。

一九五一年四月

一、入梦所思。

二、访哲人因缘。

三、唯心论者叔本华之感慨—盲目意志慧。

四、生命主义者尼采之超人理想—生命冲动慧。

五、唯物论者马克思之悔悟—物质欲望慧。

六、理性的自然主义者斯宾诺萨—自然理性之道德慧—爱慧。

七、理想的理性主义者康德—自觉理性之道德慧—敬慧。

八、诗哲歌德席勒—艺术慧—和乐慧。

九、超越理境企慕者、理想国建立者柏拉图—哲学政治慧—智义慧。

十、耶稣崇拜者奥古斯丁—宗教慧—谦信慧。

十一、儒家精神说明者子思—人性人文慧—全德慧。

十二、余论：释迦门前的谈话—勇猛慧—空明慧—悲悯慧。

一 入梦所思

结庐在人境，长闻车马喧。

文思何来迟，日昃不成篇。

投笔竟昏眩，任尔梦魂牵。

梦魂赴何所？乃赴水之湄。

宛尔乘长风，虚空任我驰。

渐渐凌霄汉，人间入望迷。

飘摇竟何之，四顾复踯躅。

我记起我第一次乘飞机的心境：

我下视人间，川原交错，一切静默，霎时大雾迷空。

我曾问：世界是有声或无声？是有形或无形？

但飞机机轮有声，机中有人。现在才真是一切寂寞无声，一切芬漠无形。

太虚辽阔而无尽。

太虚安定而宁静。

太虚净洁而通明。

太虚无障碍，任我周行。

我正赞美太虚，然四顾此身无依恃，顿感孤零。

正是喧阗思寂寞，寂寞求有人。鸟兽非吾侣，虚空何可与同情。

我记起中国的神话中，说后羿的妻子，曾吞不死之药，而向月飞奔，

化为嫦娥，回头下视人间，而悔恨交并。

“嫦娥应悔偷灵药，碧海青天夜夜心。”

我不是要成一样么？我胸际萦回这疑问。

我又记得曾见一电影名五十年后之世界。

说首先乘火箭炮直至月球的人。

他们真高兴、真欢欣。

但是他们从望远镜再遥看地球，看见地球上所思的人影。

又不禁涕泗纵横。

这都成了我现在的心境。

我怀念我的师友。

我怀念我的家庭。

我怀念我的故邦。

我怀念一切的人群。

我的师友流离四散。

我的家庭兄弟飘零。

我的故邦正准备更大的战争。

世界的人群，正怒目狰狞，誓不两存。

拼死活，愿同在核子弹下，化为灰烬。

社会的进化有什么保障？

我已看惯了历史上的治乱兴亡。

未来的前途在现在渺茫，

人类共同的努力应向何方？

谁知道整个地球，不会成为整个人类的坟场。

闻道：太空中有千万万的星群，

只有地球才有人。

如果人类战争都为了土地与财富，

如何造物者，不将人们分布在那无数的星群。

一人一个星，又是臣民又是君，深山有宝由君采，广土大地
任耕耘。

星光往来遥相望，能不相念又相怜！

然而世界竟不如此构造，未知造物是何心？

有人说人类原是地球的霉菌。

当地球无人的时节，

鱼任游泳，兽任驰逐，鸟雀任飞腾。

而今的平原，那时都是丰草茂林，真是天地长绿又长春。

自从人类这霉菌，布满了世界，创造了人文。

地球失去了他本来的朴素与天真。

人文对地球，只是虚文，那霉菌染织的花纹。

所以地球并不爱人类，地球愿意让人类自相残杀以净尽。

洗涤了霉菌，地球才重新再干干净净，还他的本真。

但是这些问题我都不能细想。

我想他们只是开拓我的胸襟与心境。

我至少在情感上，不愿想人类的毁灭，减低人类的自尊。

我在理智上，不能相信，一人一个星球是可能。

我不能忘我的师友与家庭。

我不能忘我的故邦与人群。

我便不能不希望人类万古长存。

我便不忍贬斥人类为地球的霉菌。

我的"希望"，我的"不忍"，至少对于我，是宇宙间至实而至真。

于是我的疑问，只变成如何可使人类长安宁而和平相处、人生毕竟有什么价值的疑问。

二 访哲人因缘

我的问题深远，我的智慧低能。

我平日读了许多书，到此竟有何用处。

名词与文句，只是声音与图形。

义理一层复一层，剥蕉到底只空心。

我在此虚空中独立，我将向谁就教，以启予心？

我如此孤独——

日光虽然遍照虚空，我不见我地上之影，我亦不能对影致情亲。

我这时只希望看见任何一个人。

什么是人间的敌我对峙，

什么是人间的恩怨分明。

人逃到深山荒野与绝对的虚空中时，

才知任何人的声音，都可使我感无尽的欢欣。

因为只要是一个人，

他便可与我通慧通情。

我正在绝对的空虚与寂寞中，忽然看见一个十余岁的小孩，
自空中走来。

他慢慢的走来，跳跃复低徊。

行行重行行，天路两旁开。

历历白榆夹道生，

小孩自称智慧神。

自古学人终憔悴，

人生智慧在童心。

怜我苦思终不得，

言将携我渡迷津。

迷津何由渡？不识永恒终不悟。

为问永恒在何方，

小孩遥指接天路。

这条路接天的地方，即是人性，亦即人之神性，那是真正的永恒。

这条路本身即宇宙的历史，人类的历史——

即那永恒者的流露。

这是一四度空间的路，

往东下看，那是宇宙的前途；

往西下看，那是宇宙人类所经过的从来处。

为君执障正重重，人性本原难了悟，东望迷茫尽烟雾。

唯有西望人类之历史世界中，多多问讯百世以来之圣哲与学者，

或可为君渐渐祛疑误。

他们一一都尚在此四度空间路旁居住，君如愿访当同去。

我闻小孩言，此路纵贯时间而长存，过去当今皆并在，

如何逝者竟长留？古人不死伊谁待？

我之大愚何日灵？我之大惑终难解？

小孩说，一切请君勿自惊。

识此方知世界真。

万物自来无故故，惟有新新更复新。

世界如江水，万物若波兴。

只为后波之上无前波，便道前波一逝永沉沦。

实则前波逝而实未往——一切流变皆永恒。

识得江流千古意，

尚友何难见古人。

三 唯心论者叔本华之感慨—盲目意志慧

于是我们开始我们对于过去的学者圣哲们之十次访问。我们首先访问西方的学者，是叔本华，他住在一山洞中，我们问他们：

世界如何充满刀兵？人生有何价值？世界如何能安宁？

叔本华先生答：

世界如何得安宁？此世界永不得安宁。

人生若将有价值，人生不是此人生。

忆我年三十，吾书独早成。

（彼三十岁时出版其代表作《世界如观念及意志》。）

哀哉女面兽，为我丧其身。

（叔氏尝言其哲学系统成后，则埃及神话中好作谜语难人之狮身女面兽 Sphinx，即自杀云。）

及今年衰迈，历事理弥新。

信道更何疑？但伤稀知音。

玄言邈无既，粗旨为君陈。

旷观天地间，万象何芸芸。

昭临在耳目，辐辏我心灵。

谁敕运万象？向外求索，难知究竟因。

（言由外之感觉所得的声音形色之印象观念，不能知主宰万
象运行之物之本体为何。）

回头顾我身，声音笑貌亦有形。声音笑貌缘何出？生存
意志为之根。

我之无形意志流形表，物之万形万象应同根。

（由我之声音形色，原于我之生存意志而生；即推知外物之
声音形色，亦本于此同一之生存意志。）

唯彼大意志，潜隐本无明。

运转无终极，欲壑渺难平。

如彼火山发，如彼瀑布倾。

热恼相煎迫，虚实相追奔。

人生实芒昧，休矜万物灵。

欲未足兮常苦悲，欲既足兮贪欲又相寻。

无所欲兮又无聊，悲苦、贪欲、无聊，交迭，是人生。

唯彼大意志，本一而万分。既局形骸内，念念私其身。

君不见：澳洲有蛇截两断，首尾转瞬还相吞。

芸芸万类相瞋恨，何怪人间总不宁？

无明生痴爱，世间雌雄男女总痴情。
君不见兮有蜘蛛，雄飞从雌求交尾，竟忘雌者噬其身。
交尾完兮肝脑尽，死无悔兮，伊谁之命？
人间竟说：男女欢爱多神圣，地老天荒万古情。
追根究本从头看，人虫毕竟有何分。

我道人生只痴爱，我道人生只贪瞋。
痴爱贪瞋，织就重重茧，人生长此住无明。
万劫贪瞋终不改，残杀何须论古今。
聊自慰情在何所？人海茫茫，唯有慈悲美与真。
盲目意志须求绝，虚无寂寞是天庭。
绝之不尽还再起，世界何日风波平？
苍凉宇宙悲无极，惭愧平生未守仁。
欲识美真兼圣善，何如请教彼仁人。

四 生命主义者尼采之超人理想—生命冲动慧

我听了叔氏的话，觉其要引发人之悲悯之情是对的，悲悯之
情实是人所当有。但是此悲悯之情，应根于自觉的仁心，而叔氏
于此未透。其次，悲观而只是感慨，邻于绝望惨淡，总是不好

的。对于人生与社会文化，应当有比他所言更积极的加以安排之道。于是我们向他告辞。我们商定在求教其他我们更佩服之哲人之前，先去看看尼采与马克思。尼采住在一悬崖上，马克思住在一悬崖下。我们见到尼采，他已知道我们从哪里来了。

我知君来处，叔氏本吾师。

余少怀忧患，人生长若谜。

为读叔氏书，若祛千载疑。

始终竟异趣，苍茫自咏诗。

并世诸贤哲，我思达尔文。

万物争繁殖，造化本无心，

顺应唯所遇，适者得其存。

自然固残酷，汰杂始留纯。

进化由此路，何必动悲情？

我情寄何所？寄彼生命根。

唯此生命根，匪特求生存。

嗟乎叔氏与达氏，于此一间不达隔千寻。

此根恒求超越战胜外界与自己之过去，推倒万古以趋新。

生命进化由斯出，权力意志此根名。

（尼采《权力意志》一书多发此意。）
生命进化若长流，枝分派衍到而今。

228

猿到人，人应再进！中天悬绳索，勇者愿攀升。

平流并进，自来无此事；不须等待，汝当独立奋起作超人！

超人居何处。乃居山之巅。俯瞰世间人，如人之视猿。

人世多苦辛，慎勿动悲怜。

悲心引汝下山去，随人俯仰化庸凡。

（尼采《超善恶之外》与《人道太人道》等书多发此义。）

超人不怜人，岂复真残忍。

超人不怜人，因其不自怜。

超人不畏苦，万苦任相煎。

能于剧苦得欢乐，人生智慧最无边。

若问世间众苦何由拔，尽在超人欢乐智慧前。

（尼采《欢乐的智慧》一书发此义。）

我有最大敬，敬彼真能藐视我之人。

我有最大爱，爱彼未来之超人。

我有最大忍，愿忍彼永远重复此生一切事之轮回与再生。

我有遥情人不识，相将呼我是狂生。

君若问世间安宁道，

骆驼负重狮子吼，化为小孩长欣欣，超人超人，如日之升。

（尼采著《查拉图斯特拉》始于望太阳之升，书中谓人应由骆驼狮子再化为小孩。）

我听了尼采的话，我想他的教义，亦有价值。我并祛除了我对他平日许多耳食的误会。但是他的歌颂权力意志终是流弊极大。人求超越其自己，以求拔乎流俗，于苦痛中得欢乐，并有一对于未来人之遥远的爱，都很好。但因而反对慈悲，则理由终不充足。他的平日的文章，终是烟火气重，总有一根本毛病在那里。

五　唯物主义者马克思之悔悟—物质欲望慧

我们看了尼采，于是又到崖下，去看马克思。虽然马氏并无真正的人生智慧，而且其思想流弊更大。但是共产主义社会主义之精神，原出自贫富不平之正义感者，我始终寄与尊重。他答我们的问题之话如下：

　　我观世界事，不是诗人心。

　　万汇皆矛盾，人间只不平。

　　上帝吾不信，天国梦难寻。

　　太初有何道？星云转不停。

　　太阳何日有？地球何日成？

　　遥想混沌初开际，本无生物与精神。

　　物质变化成生物，生物进化有吾人。

　　人生原是出尘土，一朝化往再成尘。

　　人生在世，自古须衣食，劳动生产实艰辛。

生产工具惹人命，一朝私占后，阶级渐分明。

悠悠历史几千载，阶级利害长相争。

自来政治法律道德果何用？为彼特权阶级保升平。

古今圣哲文人皆辩士，辩彼阶级剥削，即地义，即天经。

今之资本阶级尤可恨，契约自由徒虚语，千万劳工尽卖身。

剩余价值由他取，机轮轧轧也诉不平。

若要报仇还雪恨，我鼓励千万劳工组织去斗争。

君知否？资本主义发展到而今，与生产力之矛盾，难解复难分。

资本家互相并吞人日少，无产阶级人数增复增。

资本阶级不倒将何往？历史注定岂容情？

一朝无产阶级革命后，再一度专政，

无阶级社会，从此便来临。

此时一切生产经计划，人人各取所需尽所能。

生产力发展兮无尽，人生享用兮亦无尽，

世界从此长安宁。

　　马氏说完了他的思想，看看天上的云彩，望着我身边的智慧，他忽然若有所悟。说：我想我之经济理想不会大错，但是我到今日方知我的整个思想太单纯。

我不知：唯物论是否哲学中唯一的真理，在本原上藐视人生的哲学，是否能提高人生？

我不知：我对人类历史文化之估价，是否欠公平？

我不知：哲学、科学、宗教、道德、艺术，以至政治经济之文化，在本原上皆系根于人性中之理性。

我不知：理想社会中除经济外，其他关于人之社会文化生活，当如何安排，才至当惬心？

我不知：人之人性、人之理性、人之精神，在文化历史中与社会上之真力量。

我不知用非斗争方法之人，如孔子、耶稣、甘地，及无数善良的人们，都曾把社会来改进。

我不知真要实现或保存合理的社会、人类的和平，必须根据于一超唯物论，不以斗争矛盾为第一义之人生哲学与文化精神。

我不知：在一理想社会，除生产当求有计划、人之享受接近平等外，如人有相当私产，能由他自由运用，不受集体的社会与政府之权力之控制，人才真能自由表达其政见与思想；人才有财物互相表示恩情。

这些问题我今日才知道，我都未真透辟的想过，我平生实只在经济问题上用过心。

我现在才深感：世界若有不同的国家，和平相处，各发展其文化，如万卉争荣；

比以一个极权国家征服世界，所成之世界大同，固然好万倍；比莫有国家，只有一有绝对权力之世界政府，亦更合人情。

平心论，我在世界时所表现之人生文化思想，不过出自我一腹的对当时社会特别显著的劳资关系之不平的怨愤。

再与根据当时之自然科学而生之唯物论，及自利主义之心理学，三者结合之所生。

然而，我只是反省我对社会感不平之"正义感"，我便已深觉不能以唯物的眼光，与我个人之阶级利害去说明。

何况用唯物论去说明人类之整个历史与文化，指导整个人类文化的前程？

我想关于这些问题，你们还是多去求教东西大哲人。

我们从马克思之屋中走出，我深喜他最后一段坦白而谦逊的话。我反对他，只是反对他不知人性，抹杀人理性精神在世界之地位、抹杀古今圣哲人格之价值、历史文化之价值，其社会文化理想之太褊狭而不完全。然而他到了天上此崖边居住，竟然如此进步，而去掉他平昔独断的态度。可见人只要不杂私意，而平心静气时，智慧总是清明的。然在今之世间上学术真理，皆成为人之夺取或维持政权之工具时，便永远说不明白了。

六 理性的自然主义者斯宾诺萨—自然理性之道德慧—爱慧

我离马氏屋，拾级登坦途。皎日照白榆，树影亦扶疏。

我心固已闲，还向智慧语："哲士亦已远，君情更何如？"

智慧答我道：

"伊彼三哲士，才情我焉如。

理趣皆可喜，至道犹未孚。

激荡世人心，意气何日舒？"

回首笑视我："吾只爱吾徒。"

　

行行重行行，来登隐者居。

言是磨镜为生哲人、斯宾诺萨住。

尊彼自由理性，外绝尘劳，应千古。

　

斯氏答我言：（此下多本其《致知篇》）

嗟余既弃世，独学寡俦侣。

为念平生志，惧同草木腐。

潜心观世态，人情人欲何纷如？

乱源何日清？治丝竟益棼？

今我论世事，人之自由理性首当尊。

　

理性何由出，出自心清明。

清明映万理，天秩天序自昭临。

君不见彼几何学，点线分清公理定，妙理如环络绎生。

应用几何研物理，机械文明泣鬼神。

孰能观彼人间情欲如点线，而不动情欲，亦有如环妙
理来相亲。

识得人生真理后，应用何难至太平？

嗟彼人间尽被多情多欲误，情上观情不得真——以欲攻
欲，世界何时宁？

凭君勿笑哈哈镜，人世相看，尽是哈哈镜里人。

左顾右视总歪曲，

何如心灵之镜自磨平。

时时拂拭尘埃尽。

哲人大慧尊理性，多情应似总无情。

问余有何慧，难哉以言明。

吾书乃是人生几何学，一一义谛皆以几何学方式论。

（此下指其《伦理学》一书）

若非君能识得，一一定义、公理、定理与系论，

空言归结语，深虑无以释君疑。

孤负君心吾不忍，聊投桃李报光临。

我说人生事，大智生大爱。

茫茫大自然，群生兹覆载。

神明匪超越，造物实遍在。

自然即神明，神明诚绝待。

欲识自然真，要契神明性。嗟彼唯物士，唯见物纷陈。

道术天下裂，万物徒相争。

自然有深处，万物皆浑沦。

浑沦见太一，无限生德存。

试问万物若无太一为之本，交感相生何由成？万物生生曷不停？

识得太一真长在，方知生死流变皆永恒。

诗人歌德知吾意，为我颂诗言万象：

"生涛中，业浪里，

死而生，生而葬，

永恒者大洋，永生者波浪。"伟哉自然无尽藏，富哉海上之波浪。

嗟彼唯物士，观物只浮层。

非谓世无物，与物相依更有心。

若谓心无有，思彼物者是谁人？

若谓心为物，思维之心非有形。

若谓物生心，无形思维，如何自彼有形生？

人道"太初只物本无心"，此事渺茫谁证明。

山有木兮木有枝，物有心兮君不知。

睡眠岂复无思虑，思虑暂隐入湛冥。

自然深深深不尽，有无岂可看浮层。

纵谓太初只有无情物，怎知无情深处，不是最多情。

宝物深藏辉不露，海底龙吟君不闻。

龙吟出海发长啸，才知海底本龙庭。

欲识自然深处事，只当由果以知因。

果之所有因中有，否则如何有果生。

我既有心君亦有，生我之自然，深处岂无心。

识得此心此身，同在自然原非客，人乃有根非浮萍。

嗟彼马氏徒，只知矛盾与斗争。

其徒谓人间一切知识，一是用与自然斗争，一是用以
与人斗争。

斗争以垂教，世界岂能宁？

迢迢念先哲，悲爱垂训何谆谆。

何出不肖子，唯知刀枪剑戟是人生。

我愿承先哲，异彼马氏徒子与徒孙。

人生真知只二种：一为爱自然，一为爱人生。

自然既神明，神明即太一。人自太一生，爱即太一魂。

人皆知爱我，人皆爱其生。

观彼人间爱，爱果必爱因。

君若赠我扇，见扇忆君情。

爱花爱根干，爱诗爱诗人。

爱我爱父母，爱彼江水爱水源。

故真爱我之生存者，必爱我所自生之自然。

爱己而不爱自然，即与理性相矛盾。

人依爱果爱因之理性而爱自然，即所以充自爱之精神。

我自自然生，我又爱我自己与自然。

故我爱自己与自然，即自然之爱他自己。

由此遂知，爱即自然太一魂。

人皆知爱我，人皆爱其生。

人苟依理性，即知人我同一性。

人我同一性，故利人即自利，

爱人即自爱，二者更何分？

尽己之性即当求尽人之性，

人之爱自然与爱人，一一皆依理性生。

此义岂吾所独有，古今圣哲实同心。

七　理想的理性主义者康德—自觉理性之道德慧—敬慧

见了斯宾诺萨后，我们再去访问同样尊重理性，而更着重理想与人道之尊严一面之康德。我想合他们二人之言，我们便可了解什么是理性了。康德住在一亭台之上，他说：

斯氏言理性，出自心清明。

以彼清明心，识彼存在万物之真理与真因。

再由理性爱，宁己更宁人。

今我言理性，当自心之"理则""律则"寻。

此心理律，弥纶万象复超越，成知复成德，立己复立人。

斯氏之理性，在求守宇宙人生之大法；吾之理性，在立彼宇宙人生之大法。

人能立法今，方见人之尊。

斯氏重彼人生爱，我则重彼人生敬。

既敬彼自然，亦自敬我人。

星空肃穆行何健，吾心德律更尊严。

平生唯念此二事，不婚兼不宦，寂寞度百年。

（康德自言世间，引起彼无尽虔敬之情者，一为头上之星空，一为吾心之道德律。）

难忘最是林前路，暮暮朝朝成独步，

（康德原是每下午必出独步。）

路上行人应念我，念我平生敬路人。

我所思兮云外塔，欲往从之山水深。

塞裳渡湍濑，峻岭何嶙峋。几回地崩山摧壮士死，然后天梯石栈步行人。

崎岖到顶行匪易，还须上塔几多层。

千里目今诚广大，攀登总待有心人。

所知自然果何物，唯彼现象向我呈。

现象绵绵相布列，前观既无始，后际新新更不停。

细入毫芒内，大至星云更无垠。

七尺之躯亦何小，电光石火百年身。

然若非我之感觉能力亦无尽，安识苍穹大此身？

感觉恃谁知大化，恃彼时空十字架。

方圆曲折复横斜，都是空间之格划。时日年岁与世纪，都是时间之格划。

芸芸万物无穷种，各占一段时间一片虚空。

整体时空更无限，万物布列时空中。

而我心能呈彼整体时空之十字架——为感觉之理则——以囊括万物于其下。

身在万物中，心通万物外。

七尺之躯固藐然，心能知彼小，正见此心自巍巍。

感觉只将现象呈，欲成知识待辨识。（即理解）

辨彼"同异""一多"与"体相"，辨彼"因果"
与"交摄"。

辨彼"或然""实然"与"必然"，一一皆显吾心之理则。

吾心运此诸理则，然后知识成。

知彼事物果有果，知彼事物因有因。

果果因因无穷尽，我心理性共流行。

因果参差复交错，律则还须次第明。

七窍凿兮混沌死，知识世界开门庭。

风清日丽春光好，乃知天地即乾坤。

（天地以物言，乾坤以理言。）

天地自古有，混沌长悠悠。

乾坤建立心之德，乾坤立后斯心立。

识得此中双立意，乾坤与我遂并生。

人心理性有二种，纯粹理性主乎知，实践理性主乎行。

纯知唯能识彼现象之抽象律则，不达宇宙人生大本根。

往复推寻终入幻，人生在世总飘萍。

原来知识世界虽成立，真我大用未流行。

唯彼实践理性见于道德意志，乃显彼自由真我通神明。

道德意志非求乐，唯求循理克私情。

克彼私情天理见，自命自主者，皆可行于人。

言而可为天下法，动而可为天下则。

我乃由斯而为能立普遍律则者，我乃由斯而有绝对之良贵与自尊。

我依理性，又知彼凡有理性之人，皆同有此绝对之尊贵处。

同为一能立普遍律则者，吾乃对任何人亦有一绝对之崇敬。

人人皆为一目的，人人同是通神明。

何可稍存利用意，侮人亦即侮吾理性心。

人人依理相尊敬，亦敬他人用理性。

大自由兮大平等，一一皆由理性生。

嗟乎共同立法之民主政治何根据？

正在人人皆是平等的依理相敬之自由人。

彼唯物主义功利主义，不知敬人，但自权利争衡说；

歧路亡羊何日返，归彼极权成暴君。

世界民族虽差别，心同理同同为人。

但自此人之所以同为人处看，何可相压、相凌、相夺、长相争。

战争皆由尊彼暴力起，能尊理性乃和平。

余书永久和平论，此义人间久不闻。

八 诗哲歌德席勒（Schiller）—艺术慧—"和乐"慧

我们离开了康德，乃往见歌德与席勒。他们同住一瀑布边之花园中。人类文化生活中，除经济科学道德以外，文学艺术是很重要的。虽然歌德在文学艺术上成就大于席勒，论人生之箴言可取者亦甚多。然而谈到对于人生与美之本质的关系上，歌德今天却说："席勒吾畏友，思深吾不如。我想席勒之所说，我在原则上一定同意，你们还是请他讲他的审美的人生观吧。"于是席勒参照中国人的审美精神答我们以下的话。（以下多根据《席勒全集》中美学书札及美学论文之一册）

（甲）

吾虽习文学，亦为康氏徒。

伟哉康德三批判，

吾独爱彼最后所著，论自然与艺术之第三书。

惜乎此书涵义多未申，重要价值或忽诸。

知识求真，明现象之抽象律则。

道德志善，显真我之实践理性。

求知应冷静，立德在严正。

吁嗟乎，理性、现象于此终相距，

冷静、严正，无欢趣；

唯彼美为真善媒。

通彼感觉现象与理性，通彼内外、心物、我与人。

（乙）

"仰视碧天际，俯瞰绿水滨。寥阒无涯观，寓目理自陈。"

杂多有统一，万殊莫不均。

水有沦涟风有韵，韵律、对称、和谐、比例，皆律则，直在声音相貌呈。

自然美兮无不在，叶叶花花皆世界。

一花一叶寻常物，一一皆足寄深情。

此情深深深不尽，直达自然深本根。

此情岂复是私欲，原来正自无私出。

忘机乃见云出岫，忘言乃闻溪水声。

溪声便是广长舌，山色莫非清净身。

"罗帷舒卷，似有人开；

明月直入，无心可猜。"

有心何似无心好？多情不若无情妙。

无情无心观化理，声无声兮形不形。

溪若是声山是色，无山无水好愁人？

有形无形，有情无情，有心无心皆不是，双忘物我见天心。

天心直向余心落，傍花随柳成大乐。

此乐实从天上来，还来净化吾私欲。

私欲除兮天理见，吾独乐兮愿人乐。

内外、心物、情理、德乐、人我之矛盾至今销；美之价值何可忽。

（丙）

伟哉大自然，天地虽大犹有憾。

文学艺术美，人格行为美，乃见人生之参赞。

人固多忧患，人固多情欲，

内热何时宁，营营向外逐。

自由游戏中，解我平生缚。

艺术文学何所似，皆是自由游戏之创作。

伊彼自然美，由彼声色之有形，见无形之天心；艺术文学美，表现我心中无形之情蕴、想象、意境于声色之有形。

表现果何为？主观皆作客观呈。

情动于中不自已，手舞足蹈难自止。

既舞且歌又咏诗，显彼疾徐、高下、铿锵理。

从此我心人共见，悲笑相看更不疑。

我有悲苦兮，表现即洒脱。

我有欢愉兮，表现成众乐。

有诸内者形诸外，人间由此生诚信。

悲相慰兮乐相生，人间由此见恩情。

移风易俗莫如乐，耳目聪明血气平，家国天下和且亲。

（丁）

宇宙最大美，莫如人格美。

文艺之创作，犹是身外物。

唯彼人格美，君子美其身。

可欲之谓善，有诸己之谓信。

充实之谓美，美乃生光辉。

故彼真有德，睟面盎背，形乎动静见乎行。

谁知藐然七尺躯，气象威仪即道存。

或如泰山乔岳何高卓！

或如和风甘雨何温纯！

或如霁月光风何洒落！

或汪汪轨度，如万顷波。

或委委佗佗，如山如河。

人物气象之优美壮美类何限。

皆彼践彼形色之人格精神，直呈于自然。

此义唯贵国儒者言礼乐，能极其义至此，余虽有志而未逮焉。

九　超越理境企慕者理想国建立者柏拉图—哲学政治慧—智义慧

我们看了歌德席勒决定再上远山上，希腊神庙中，会柏拉图。柏拉图对于人类文化之永恒的贡献，在其哲学与政治之精神。他答我们以下的话：

（甲）

我乃希腊人，不同近世哲。

近世哲人重系统，此乃始自吾徒亚里士多德。

亚君以前诸哲人，唯重开辟诸理境。

吾顺吾师苏氏教，任随理性引吾行。

设问设难自答还相答，唯期曲尽理之所引申。

凭高极远测深广，如彼今日探照灯。

直达九霄云外去，东西南北任驰骋。

光辉射天交何所，闪烁七星唯斗柄，

北极迢迢在天际，何怪吾书真义多争论。

故我今不能告我之系统诚何似，但能略述吾哲学之精神。

哲学原何物？其名为爱智。

伟哉吾师教，爱智当自"自知无知"始。

唯自知无知，乃能真爱智。

爱智非只爱外索之知识，乃爱"真知汝自己"之智慧。

此中即爱，即智慧；即德，即人生。

斯氏言由智生爱，康德言智外有德，其所谓智，与我异义唯同名。

（乙）

人生果何为，根本唯在求超升。

人生在洞穴，幽暗迷本真。

依稀漏日光，憧憧往来，唯见真实世界什物影。

叔氏悲观教，尼氏超人教，岂曰遂无因。

然此超升将何往？尼氏固不识，叔氏虚无寂寞之言亦未莹。

吾谓人之求超升，乃向往彼无限之灵境。

灵境非空幻，其中万理如天星。——万物之理皆其影。——

万理统率在何所？

"至善至美"为之君。

人生最贵贵何物？

万物变化若飙尘。

人人皆求不朽道，（*Symposium, Phaedrus* 言此义最好）

子孙、事业、留名声。

子孙有尽名终灭，人世何由达永恒？

唯彼万理如星，光永在，

寄情灵境，乃得证无生。

伊彼灵境之至善至美之理想，引吾仰企而向上；

乃见人之哲学大爱情。

此爱原自灵魂深处出，

此理亦自灵魂深处明，

乃知吾之灵魂原自住灵境，

惟因堕入肉身忘本性。

前世相亲情不尽，

沉沦俗世，还求振翼再超升。

超升返故居，复我本来性，

忆我前世情。

此义人言太神秘，谁知不达神秘，不能达于至美至善之
灵境，引出哲学大爱情。

君不见人间儿女宝玉黛玉初相悦，

正是宛若前生曾相识。

唯此似曾相识念，引出相思海样深。

（丙）

我心寄彼界，岂忘世间人。

悯乱伤时久，《理想国》与《法律》二书成。

二书诚博大，二书实精深。

欲建理想国，当先知人性。

人性固有智慧能慕真理与美善，人性亦有意志与欲情。

欲情引人溺形骸，犹如黑马乱奔腾。（相当于叔本华所谓
意志）

唯当彼智慧心君为御者，心君不昧自清明，

意志随君命，黑马乃于正路行。

此时欲情得其平，灵魂和乐且安宁。

一日心君自暗蔽，意志沉沦助欲情；

黑马奔腾入迷道，灵魂颠倒何日宁？

建彼理想国，亦当如一人。应有智慧哲人为之君。

智慧哲人知人性，方知如何教万民。

国家应以教化学术为之本。

武士保国，尚勇奉君命。

农工勤俭，生产裕民生。

人人一一得其所，各有其德尽其能。

相异相生成万物，相配相和成太羹。

如此国家乃永宁。

250

如彼治国不知隆教化，徒知敛聚财富尚武力，万世何能得太平。

我之理想国之具体内容，虽多已成陈迹，然其根本原理亦历久而弥新。

夫"彼政治必依于人性"，"人性有高下，高者应统率低者"，"政治必建基于德慧，亦所以养人之德慧"，"相异者之相成相和为正义之本"——诸义，皆可质诸东西南北之圣哲而无憾，建诸天地而不悖，极彼高明道中庸，辉光永耀如彼日月星。

十　耶稣崇拜者奥古斯丁—宗教慧—谦信慧

我看了柏拉图以后，我觉得斯宾诺萨重爱，康德重敬，席勒重美，与柏拉图之论政，都可互相配合圆融，不冲突。只是柏拉图论哲学之爱情时，承认一超越的灵境或理型世界，以理本身为永恒。我觉难把握住理之永恒性。于是智慧告我道：其实要了解理之永恒性，并不必从理自身之绝对离心而自有其永恒存在性上想。柏拉图亦未必真以理为绝对离心而自有其存在性的。实际上我们只要认识任何的真理，而了解他是在任何时任何地皆真，我们即已认识其永恒性。——如二加二是四，即在北极与南极、在盘古时与宇宙末日同是真——即有永恒性。其他一切真正的真理皆然。如我们本文以前及以后所讲之关于人生之智慧，若是真理，亦便都是有永恒性的。以至叙述一件历史上的事的真理，如项羽曾自杀。只要历史上已有此事，此话一说出，亦是永远不会假的。认识真理有永恒性，我们才能对真理有信仰。所以柏拉图之此一段话是极重要。于是我才莫有疑惑了。我由是更觉哲人之可佩。于是我又向智慧道："我见了柏拉图以后，我还想见见东方之无数圣哲如耶稣、释迦、孔子及其门徒等。"但是智慧道："你一日之内见的人太多，你将辨不了其中细密的差别。而且孔子耶稣释迦是至圣。至圣是不多说话的。他重要的是以行事人格，与人相见。你要知耶稣孔子之教之精神，我可带你去看看奥古斯丁，与据说曾作《中庸》之孔子之孙子思。"我们于是先去看看奥古斯丁，他仍在一中古寺院中住。他简单的同我们说了一些关于基督教精神，可补足柏拉图之教之处。人类文化中，除经济艺术与哲学政治外即宗教，所以我特别专心听他的话：

（甲）

柏氏见理极高明，未达高明最上层。

柏氏于彼之至善之理念下，设一宇宙魂，以连接至善之理与物质材料。

彼尚未知有绝对不待任何物质材料，而直接创造天地之上帝——为绝对之精神。

上帝即至善，亦即彼至真，万能复全知，无限复永恒。

彼自虚无中，创造天地与万物，再依其形像创造人。

人自受诱惑自沉沦，乃命独子降世间，为人赎罪救人魂。

人类原罪深复深，唯由受苦乃超升。

空言向上企慕得何道？原罪深深在汝魂！

若非耶稣为人赎罪，钉彼十字架，受苦无疆再复活；人生只合永沉沦。

（乙）

上帝是否有？此义实难明。

若谓上帝无，如何人有上帝观念生？

若谓上帝有，感觉之中又难寻。

上帝存兮或不存，哲人议论徒纷纷。

今姑退我平生思想一万步，姑谓上帝或不存。

然人能念：耶稣对人无限爱与无限牺牲；无限爱与无限牺牲，从此住人心。

人能念：罪须由无限爱与无限牺牲赎；即知我不能有彼无限爱，我即尚未成完人。

人能念：耶稣死而再复活，即知人自有超越身体以上之纯粹精神生活与永恒之生命。

人能念：苦痛可以赎罪，人即常能借其所受苦，以自启其神明。

何须问上帝自身无与有，当知人能念无限永恒之上帝，而信仰之，即见人生之一绝对忘我之至诚。

至诚忘我无他念，唯念上帝真与善，

自视自己与世界本无有，自视此身全是罪，此见人生大卑谦。

自觉有罪而忏悔，再将自己灵魂之得救与否，付托诸上帝，以生大信托大祈望，此即忘我卑谦真效验。

忘我、卑谦、忏悔、信托、祈望，正是人生向上本，上帝纵无，何妨信。

一信之后更不疑，何须更求理凭证。

信到安心立命处，信之凭证即此信。

哲学到此果何能？言思路绝只虔诚，

至诚至爱，依彼上帝耶稣之志爱人类，人与神兮共一城。（Augustine 有《上帝之城》一书）

此即基督降生真意趣，西方人生智慧最高层。

十一　儒家精神之说明者子思—人性人文慧—全德慧

我见了奥古斯丁，我想他因为知道我们现在一般人不易接受宗教真理，所以讲得特别少。我觉得关于上帝自虚无中创造世界，是很难使人了解。但无论如何，人心能信一绝对精神之存在，是可以提高人之精神生活。宗教之价值，确是如他之所说。只是我觉宗教家常不免把上帝推得距人心太远，只说人生有罪，亦有太贬斥人自己之流弊。人能自知有罪，同是证明人所理想之真美善之标准，亦在人心。人能信上帝，亦证明上帝即在人心。上帝即无限爱。无限爱应当原是在人心中，此即人心之仁性。我想儒家之子思，一定赞同我的意见。于是我们遂去看子思，他住在一平民之家之客厅中。我相信儒家之人生文化理想，能在根本原则上，贯通包括上述之各种人生理想文化精神；对人性与天道，科学技术，道德，艺术，哲学，宗教，政治，经济之价值，皆与以一肯定与安顿。我希望子思代表整个中国儒家，照映着我们今日所遇之诸哲人之思想发言，并可与他们的话配合起来，成一和谐的人生文化之理想。他说：

（甲）

中土有大慧，三才天地人。

人顶天立地，备物通神明。

至善至美匪超越，天国灵境在吾心。

信我天命之性原至善，信彼神之大爱即吾仁。

忏悔即改过迁善；向上祈望，何如志气更如神！

大礼大谦卑法地，智崇应效天高明。

我有天神天明照四方，旁皇周普更无疆！

柏氏万理如星嫌闪烁，何似销为日月光！

日月光辉长在望，大地山河呈万象。尽在春阳煦育中，鱼跃鸢飞草木长。

自然万物，尽是我之仁德生德流行处，康德之物我界划何须有，易无体兮神无方。

（乙）

神化无方生复生，生生不已皆交遍。

千江有水千江月，万里无云万里天。

江畔年年长见月，年年长照采莲船。

莲叶田田自相盖，才知一叶一世界。

一本万殊殊是本，殊殊本本更相成。

斯氏（指斯宾诺萨）以一摄多犹有憾，须知万物万乾坤。

格物穷理无穷尽，科学哲学于兹生。

（丙）

人在世界果何事，参赞化育成人文。

人生固自饮食始，求生未必是私情。

观彼天降膏露地出泉，

万物相感相生无私吝。

利用厚生原本分，何必都言是斗争？

观象制器备万物，物尽其能竭其情。

用物惜物还爱物，依仁游艺，成己更成人。

即此便是赞化育，人生以此报天恩。

（丁）

依彼仁人志，常怀克己心。

克己即超己，超己显本心。

循理怀忠恕，处处竭吾诚。

何分咫尺与千里；何分往古与来今？

爱与敬兮无不运，妻子好合鼓瑟琴。

兄弟翕和父母顺。

敬彼祖宗与子孙。敬彼前贤与后生。

敬彼国人天下人。敬彼人类与其历史文化之全程。

敬彼天地间万物之并育不悖，小德川流，大德敦化无穷尽。

又敬此永怀无限敬意之本心常惺惺。

超人果何有？如斯学圣即超人。

尼采若能知此意，谁能视彼作狂生？

（戊）

尽性成人己，大用在人文，

伟哉礼乐教，立彼天地心。

乐乃动于内而形于外，礼以治其身者养其心。

乐主爱近仁，礼主敬近义，乐极和兮礼极顺；

乐者艺术之精神，礼者道德之形乎动静见乎行；

皆通乎天地而涵宗教哲学之精义，用于社会而为政治经
济之本根。

乐者天地和，礼者天地序，乐主同而礼主异。

天高地下，万物散殊礼制行；流而不息，合同而化而乐兴。

和序、同异、一多，原不二，礼乐相成见太一。

是礼乐通乎宇宙本根与哲学宗教者。

乐至则无怨，礼至则不争。

货恶其弃于地，不必藏于己；力恶其不出于己，何必为己身？

讲信修睦，选贤与能，天下为一家，中国为一人。

人各尽其能成其德，相勉于共成贤圣，相养复相生，是礼乐之通乎政治与经济者。

（己）

嗟乎，神何由降？明何由出？圣有所生，王有所成。

皆由尽心尽性，使仁道昭明，礼乐隆盛，教化大行。

叠叠人文世界之大美见，人乃为天地立心，百备至盛而无憾。

神明既降，天德流行，终和且平，长安且宁。

识得此中广大无边教，才知人性、神性、人文原不二，从此君心达永恒。

再才知人类历史，即永恒之人性逐渐于障碍中流行，以表现其自身之历史；亦即人之人生理想、文化理想，不断奋斗以实现其自身之历史；而对人类之人生与文化理想作进一步之了解，求所以实现之之道，亦即吾人之责任。

我听了子思代表儒家讲的话，虽是觉得其太浑括，不能十分了解。但是我相信他一切的话，都是多少对照着我以前所遇之一切哲人说的。儒家所谓人之本心本性即通于天道，涵摄着耶稣之爱与柏拉图所谓真理世界。儒家之自然观，包括斯宾诺萨与席勒之看法，而更着重自然万物之相感摄，一物一太极，一物一绝对之义，因而使儒家之自然世界更宽广。使人在天地间，有"袖里乾坤大，壶中日月长"之感，人与人的关系亦更宽舒疏朗。儒家之言爱言敬，又包括斯宾诺萨与康德之言爱言敬之义。但是儒家讲人与人间之爱敬，更是直接而具体；不似斯宾诺萨之讲人与人间之爱，要通过自然才能讲；亦不似康德之言敬，好似只以他人之超越的理性自我为对象。儒家同时综合诸哲分别所注重之不同文化，如道德、艺术、文学、政治、经济、宗教、哲学，以成儒家之以礼乐为本之最广大的人文主义之精神。六艺之教，除《礼》是道德之精神与其表现，《乐》是艺术之精神与其表现外；《诗》是文学，《易》是哲学宗教，《书》是过去的政治经济，《春秋》是由评判史事，以展示一整个的社会人伦之理想。儒家精神，不似上述诸家之只偏重一面，而更具涵盖性。儒家亦未尝不知，人在自然界生存，须赖生产技术之进步，物质文明之发达，以利用厚生，但是他只视人人皆得裕其生，为人形成其有德慧之人格之一条件；经济分配上之求公平，只是整个的人文社会中之一事。他决不如唯物史观之以经济为能决定一切。而且在儒家之理想的社会中，肯定不同国家之独立存在，望其各发展其文化，以和平相处；亦不主张政府全部统制民间的经济，由此可以免除一国征服世界及极权政治之流弊。儒家不讲超人，但是他要人立志超越他自己而向上。儒家不如尼采之以生物眼光看人，不重权力意志。但尼采之坚忍的精神，圣贤学问中亦包含着，因仁者必有勇。儒家不如叔本华之悲观，他不愿意多说人生之黑暗面，以使人轻贱自己。但是我们却可从叔本华之所说，更想到人生应该求向上之道理。于是我们以前所见诸哲之言，虽一一皆自有千古，然亦都可姑当作儒家精神之说明看。而且我相信我们借诸家之言，以充实儒家之精神，亦能使儒家精神，更致广大而极精微。

十二　余论：释迦门前的谈话—勇猛慧—空明慧—悲悯慧

我闻圣哲教，令我心灵开。

大道今得闻，吾生有事在。

转瞬生悲戚，群疑去复回。

圣哲理想诚可爱，人类过去历史文化，亦复多光采。

然人间圣哲亦何少？历史光荣去不回！

我举头唯见，人间罪恶生殖无穷尽；彼真美善兮，既难永在亦难培。

君不见人间嫉妒残忍多于爱，矜骄侮慢多于敬。

世上几人爱真理，虚言伪语淆正闻。

世上几人好美善，庸俗丑怪徒纷纷。

诗人哲人抱孤愤，自古儒冠多误身。

庄周家贫如涸鲋。屈原江畔独沉吟。

苏格拉底自饮鸩。耶稣甘地死非命。

释迦说法应寂寞。孔墨一生道不行。

何况人间伟大理想多被野心家利用，大盗窃彼仁义行。

拿破仑称帝所何据？正恃彼自由平等博爱好名词，先声夺彼世人魂。

秦皇毕竟何功德？正恃彼儒墨大同尚同之教成统一。

六王毕兮四海平，诗书无罪成灰尘。

谁知今日北海之滨，拿帝再现身，千载重惊一暴秦。

念此人间真美善兮难培难永在，四望迷茫天地昏。

我正在又感到惶惑时，我与智慧已一路经过庄子、菲希特、黑格耳之住所，到释迦的庙前，此时天已黄昏，智慧这小孩，在暮色苍茫中，好似变成了大人。他对我说：

你这些问题，我可以本我对于儒家、庄子，及菲希特、黑格耳、释迦之教，与你一粗浅的答覆。因释迦是不说话的，菲希特、黑格耳的话太多，现在天已晚了。我本想带你去看看释迦后

261

学之龙树，他亦即住在此庙中。但是我恐他所说，表面与你今日所闻不调和，还是就我所知，克就你之问题，与你以一方便的答覆吧。于是他说：

为告君心勿悲慨，君心应更有好怀。

人生最贵祥和气，悲慨自苦空尔为。

世间真美善多或伪丑恶多，毕竟谁曾计算来？

拿氏帝业亦往事，秦皇而今安在哉。

代大匠斫终伤手，枭雄命运亦堪哀。

圣哲求仁得仁复何怨，诗书劫后更光辉。

若非君心好真理，如何恶彼虚言伪语淆正闻？

若非君心好彼美，如何恶彼庸俗丑怪徒纷纷？

若非君心有爱亦有敬，如何恶彼矜骄侮慢与残忍？

若非人人之心皆知仁义好，大盗何须窃彼仁义行？

一念回头，便知人性皆好善；春回大地，只待反身诚。

世间善恶、美丑、真伪恒相对，诚哉此事古难全。

人有悲欢离合，月有阴晴圆缺，何须把酒问青天。

世若无反面，正面何由显。

反反更显正，正见于反反。

人爱花好月圆，正因花曾残兮月曾缺。

人若不知悲莫悲生离别，又何有乐莫乐重相识。

262

人固常离彼真美离彼善，然久别重逢更是情怀热。

人固常陷入伪丑与罪恶，然人能否定彼伪丑恶，以实现真美善，更见真善美之至真而至实。

人间之伪丑恶，永为人之求真善美心之所否定。

此见人之求真美善之心，常挺拔于伪丑恶之上以超临。

家贫出孝子，国乱显忠臣。圣贤豪杰皆是时穷节乃见，留取丹心照汗青。

若非既倒狂澜翻不尽，

何来仁人志士，冷风热血涤乾坤。

人间恶伪丑之出现纵无穷尽，人之求真美善之心，超临于上者亦无穷尽。

以人求真美善之心之无穷尽，穷彼恶伪丑之无穷尽；乃见此自强不息之人生，即一包含其反面之否定，以成就其自身之至善之流行。

世间伪丑罪恶无边更何畏，直养吾心浩气，沛乎塞苍冥。

大泽焚而不能热，河汉冱而不能寒，

疾雷破山风振海，吾又何惊。

欲去世间一切反于真善美之伪丑恶须大勇，大勇还须依彼大慧为之根。

大慧知彼一切伪丑恶之本，此本唯是一无明。

无明非如叔本华所谓一独立之盲目意志。唯由无明蔽彼本来清净之心性，乃有盲目意志生。

无明果何物？如彼一黑暗，蔽障众光明。

彼黑暗本身实非一物，一遇光明遁无形。

无明即蔽障，蔽障生执著，万恶皆由执著生。

此义诚广大，此义实渊深。深义诚难达，浅言以喻深。

君不见执一色而众色不见，执一音而众音不闻。

不备众音不成章，不备众色不成文。

声色之不和不美无他故，正由不明彼遗色遗声何处寻。

执一义而众义隐没，执一理而众理隐沦。

一义一理成独断，无穷伪妄思想言说于兹生。

执彼躯壳求长生，执彼美色纵欲情。

执彼财物不能舍，执彼权位与名闻。

好利好色好名好权，贪得更无餍，浑忘我外有他人；

对彼他人之心更复无所明，何来恻隐、爱、敬、情？

谓人阻我贪欲之满足，生瞋忿；视人如物，侮慢残忍更何论？

一切伪丑恶，本于无明执著，然复须知一切无明，初皆明上托。

人若全无明，亦复无无明，唯因所明有限而自限于所明，

如明一色一音一义一理，不明其他而陷溺于所明——明入地中丧其明，而无明——乃一面有所执之法，一面有所执之我。

此无明，此我执法执，初正依于人之一往只向其所明自限，以陷溺，

故汝自限于汝所知所明之真美善，而陷溺于其中，汝将依旧堕无明。

君不见世间一切学人，同不免蔽障，或蔽于远，或蔽于近，或蔽于古，或蔽于今；

或蔽于博，或蔽于约，或蔽于浅，或蔽于深。

万物莫不相为蔽，蔽之种类更无穷尽。

人有所蔽，而生邪见偏见，执之不舍，宛转曲护，以盛气凌人，亦是痴贪起见嗔。

嗔焰迷天长不悟，学术亦可毁乾坤。

人皆知真美善兮诚可爱，人当知最可爱者，唯是能不断拓展所知真美善之心态。

然复须知拓展循何道，正是一度忘汝所谓真美善。

忘汝所谓真美所谓善，廓然无系大开怀。

不思我兮不思物，心如虚空无疆界。

观彼一切本无今有有还无，我之生前死后面目更何在。

观彼沧海变田田变海，一切幻化缘生无主宰。

识得诸行无常、法无我，坐断乾坤与古今。

贪瞋痴慢无托处，偏见邪见将何凭。

江天一色无纤尘，皎皎空中孤月轮。

毕竟空兮无所执，唯有此心长寂净。

毕竟空兮，"空"亦空，还观万法在长空。

我无我兮，人皆我，长以悲心待有情。

悲众生之苦，如己苦；悲众生之无明，如己之无明。

大悲大愿更无尽，菩萨发心，未自度而先度人。

此是佛陀由大智生悲教，大智生自无无明。

无无明，生自不向所明中，沉陷成执著，此须暂忘所知之善美真。

空教如斯君莫怖，须知有此大智大悲心，即可显示无限永恒之善美真。

此心如虚空无执，即无限；如虚空不烂，即永恒。

如来三十二相好，即至美；如如观世间之事物与义理，即至真。

大悲大智即至善，常乐我净，即纯一不已之至诚。

佛菩萨未自度先度人，愿入地狱，正同彼上帝命其独子降世，为人赎罪救人魂。

知彼一切众生无边罪苦，皆以无明为之本，

即知彼一切罪苦之拔除，皆以智慧为之因。

知彼世间一切，皆无常幻化缘生无主宰。

即知彼世间一切罪苦，亦无常幻化而无不可去；一切世间之真美善，皆可以智慧为因缘而生。

明彼无明即无无明，而知无明非真实，无明原是人心之客尘。

由此而世间必可净化之大信心。

由此而有不畏一切世界罪苦，而转化之之大勇猛，与自强不息之大精进。

嗟乎，耶稣教爱信上帝，孔子教仁信本心，释迦教慈悲，无我更无神。

有神，无神，有我，无我，口舌相争何日已，须知爱与慈悲，同是依于仁。

耶稣有我而忘我，正是求彼神心天心入我心。

释迦无我无神，正所以忘我，自觉心性本净处，成佛证常我以如神。

耶稣谦卑信望为始点，而止于爱，正是由礼信以至于仁。

释迦观空无我为始点，而止于悲，正是以智照物，以义自制，而止于仁。

二者之教，如环相向复相生，环中同在大尽其心、知其性。

识得我之本心即天心，原以仁义礼智信为其性，万物皆备于我之忘我之我，人至诚即如神。此是儒家大法轮。

识得儒家存心养性，即备物通神明之教；

才真知心佛众生无差别，人与神兮共一城。

人文皆是人心人性之表现，又何能不尊彼科学、哲学、文学、艺术、政治、经济所求之善美真？

汝须牢记人性、神性、人文原不二，乃有"中西印之最高人生智慧，原是贯通"之大慧，才知世界学术，百川无不注诸海，群山自古出昆仑。

黄河九曲凭君渡，峰回天外任君行。

百虑殊涂终一致，涵天盖地是人生。

我一面听智慧讲话，已离开释迦龙树之庙很远，此时似已夜深。远见他们所居庙，正似梵王宫殿月轮高。我带着无尽静寂的心情，再走上历历白榆的道上。

智慧说将再带我回头更向东去看，看人类未来的前途，突然使我生一莫大的欢欣与鼓舞。

我相信在那人类未来的前途中，人类一定是更能依照那一切圣哲之真美神圣爱敬慈悲之道走的。而且我一定要去作我一些分内的事，那我亦就可重回到人间，回到我的家庭与社会人群内了。于是我们很快的向前走，谁知刚走到我们原来之出发点。智慧忽然"为我一挥手，如听万壑松"，我即醒悟。我原来正在此走向更好的人类未来前途之路上，而此世界亦确实是将要遵我们所闻之圣哲的指示而前进，到真正和平安宁之境界的。于是我的心亦当下获得一和平安宁。

外文人名中译对照表

Aristotle 亚里士多德

Augustine, A. 奥古斯丁

Darwin, C. 达尔文

Euclid 欧几里得

Fichte, J. G. 菲希特

Goethe 歌德

Hegel, G. W. F. 黑格耳

Jesus Christ 耶稣

Kant, I. 康德

Marx, K. 马克思

Newton, I. 牛顿

Nietzsche, Fr. 尼采

Plato 柏拉图

Schiller, F. C. S. 席勒

Schopenhauer, A. 叔本华

Spinoza, B. de 斯宾诺萨

人生之体验
定价：52.00 元

人生之体验续 编 病里乾坤
定价：48.00 元

道德自我之建立
定价：38.00 元

青年与学问
定价：35.00 元

中国哲学原论·导论篇
定价：108.00 元

中国哲学原论·原性篇
定价：118.00 元

中国哲学原论·原道篇
定价：360.00 元

中国哲学原论·原教篇
定价：128.00 元

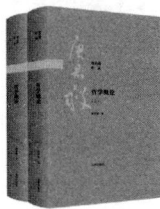

哲学概论
定价：340.00 元

生命存在与心灵境界
定价：260.00 元

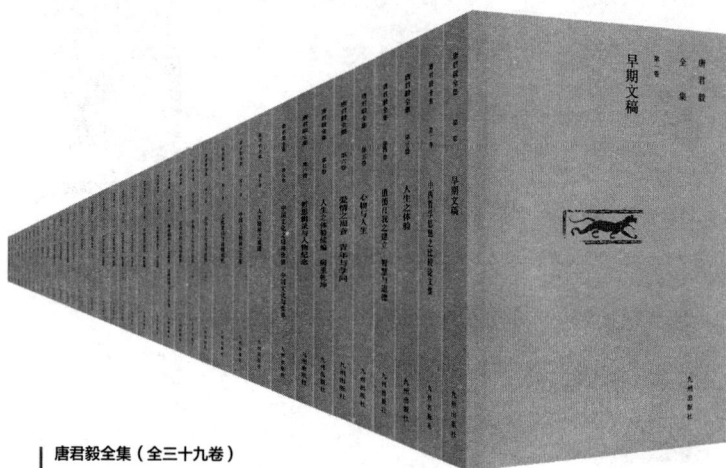

唐君毅全集（全三十九卷）
定价：4980.00 元

徐复观全集（全二十六册）
定价：1790.00 元